うまい日本酒をつくる人たち

酒屋万流

増田晶文
Masuda Masafumi

草思社

カバー・表紙写真：八木スタジオ／アフロ

うまい日本酒をつくる人たち——酒屋万流◉目次

序章　日本酒はいま、本当にしあわせか

花の下にて酒酌み交わす

桜の向こうに酒蔵の黒い瓦屋根と白壁がみえる。

大樹の枝ぶりは堂々たる風格をたたえながら、見あげるものを包みこむかのような、やさしい佇まいをしていた。根もとで丸くなっていた三毛猫が、大あくびをしながら背を伸ばす。昼寝を満喫したのか、「どうぞ」といわんばかりにのそりと歩き出した。

蔵元と私は顔を見合わせる。私は腰を掛けることができそうな根の瘤《こぶ》を眼で示した。

「三毛猫とはゲンがいい。あのコがあたためてくれた席で花見といきますか」

蔵元が片手に携えた四合瓶をもちかえながらいった。

「この花が咲くともうすぐ田植え。私たちは甑《こしき》を倒します」

甑とは米を蒸す道具。それを倒すとは、日本酒づくりのシーズンの終了を意味する。秋から冬にかけて醸《かも》された酒は、春そして夏の間、瓶やタンクの中で風味を深めていく。居すわろうとする残暑と秋の涼風がせめぎあう頃、「ひやおろし」と呼ばれる新酒が出まわる。

「そして、稲刈りが終われば、また酒づくりです」

時間のスピードというやつは、年齢を重ねるほど速くなっていく気がしてならない。この蔵をはじめて訪ねたのは十五年前。私は四十歳を少しこえたばかりだった。たしか、蔵元は十歳年長のはず。

「あと何回、酒をこさえることができますか」

蔵元はつぶやいたあと、一転して強い口調になった。

「酒づくりに納得なんてありえません。まだまだやりたいことが山ほどあるんです」

その心意気がうれしい。私も二度、三度と力をこめてうなずいた。

蔵元と私は盛りの桜花を愛でる。

どぎつい朱ではなく、かといって幸うすそうな白というわけでもない。ぼってりした桃色とも違う。いたって穏やかな色目ながら、昼間は陽気で躍動感にあふれている。そのくせ夜ともなれば妖艶そのもの。みる者の心を妙にざわつかせてならない。

くっきりとした区別をやんわり拒む微妙な色合い、清楚と艶麗《えんれい》が矛盾することなく同居する二面性。桜は日本人のメンタリティーをシンボライズしてくれている。

「欧米では、なにかと物事に白黒をつけたがりますからね。彼らにすれば日本人は曖昧《あいまい》なのかもしれない」

蔵元の指摘に私は思わず気色ばむ。

「日本には、この国ならではの美意識があります。それが文化というもの。ナンでもカンでもグローバルスタンダードにあわせる必要なんかないんです」

日本人の感性は幅が広い。極論や一方的な決めつけを避けながら、両端の間にあるさまざまな色合い、意味あいのニュアンスの細かな違いに敏感だ。

「酒だって香りや甘い、辛い、酸っぱいのどれかが悪目立ちするのはよろしくない。なのに、それを個性と勘違いする酒蔵や酒販店が多い。偏らない風味の幅と深さが大事なのに」

私がボヤくと、蔵元は無言のますすっと眉をあげた。

日本人は桜が花咲くと、こぞって宴を張る。

この季節になると豊穣《ほうじょう》の神が山から降り、里へおわすからだ。そこには米づくりのスタートを祝い、豊作を願う気持ちが満ちている。蔵元が横眼をつかう。

「山の神さまは、じつはご先祖さまだって説もあります」

「あっ、それ、柳田国男の本で読んだことがあります」私もちょっと知ったかぶり。

花見に日本酒は欠かせない。日本人は米から酒を醸し神に捧げてきた。うれしいにつけ、かなしいにつけ、酒の味わいと酔いは、日本人の心のうちを彩る絵具でもある。

「神さま、ご先祖さまが里へいらっしゃったときの宿が桜だそうです」

この話を私は信州・松本市にある四柱《よはしら》神社の宮司から教えてもらった。

「田の神さまをサとお呼びする。サには稲作への畏敬の念がこもっています」

サツキは田植えの時期、サナエは稲の苗、サオトメは苗を植える少女、田植えのころにふる慈雨はサミダレ……。蔵元は感心しながら、ふっと思いついたようだ。

「そうか、酒のサも稲、米からきているのかもしれませんね」

「懇意にしてくださる遠州・浜松市の酒屋さんは、酒のケは気に通じるといってます」

そしてクラは、神がお座りになる尊い依代《よりしろ》をいう。

「サがお鎮まりになるクラがサクラ。日本人は桜のもとで日本酒を酌み交わし、歌ったり踊ったりして稲の神をもてなし、豊作を一心に祈るんです」

早苗は青々と育ち、たわわに実って黄金色の穂を垂れる。収穫した米を納めるのも蔵だ。米蔵の種《たね》籾《もみ》は生命を凝縮したまま冬を越し、次の春に再び蒔かれて芽吹き、自然の命脈の大いなるさまをみせつける。

「米の酒を醸すのもクラか——」

蔵元は意を得たようす。私は調子にのって、いわずもがなのことまで披瀝した。

「人の身体も大事なところにはクラがついています。まず、胸ぐら。それに、股ぐら」

「なるほど」、破顔する蔵元。だが彼は話を下品にならぬよううまく舵取りしてくれた。

「さあ、さあ。私たちも神さま、ご先祖さまに一献を捧げましょう」

桜の花は下を向いて咲く。それは神が人間たちの営み、酒を愉しみ酔いに身をまかせている様子をとくとご覧になるため——。

私たちは、この日に搾ったばかりの原酒をいただく。まことに贅沢、まことに幸せ。

白い陶器の底まで透かす無垢な色合い、鼻先に漂うフルーツのようなうるわしい香り。口に含めば、押しつけがましくない甘さと酸っぱさが広がった。この味わいを愉しむうち、微かに苦みと渋みがやってくる。そのアクセントが絶妙なのだ。そして、酒が喉をとおったあとの鋭角的なキレ。たちまちにして甘酸っぱいイメージが消え、きりりと辛口の余韻で締めてみせる。だから口の中がもたつかない。思わず「もう一杯」の声が漏れる。

「これはうまい！　抜群のバランスだ」

酒器を持って唇へ運び、舌にのせ呑み干すまで十秒もかかるまい。

「うまい酒は、その間に数々の役者が登場し、念のいったドラマを演じてくれます」

だが、味わいは重層的で複雑であっても、「うまい！」という実感がシンプルかつストレートに伝わってくる。知識をふりかざしたり、理屈をこねくり回したりしなくていい。

さらにいえば、酒の個性は各地の風土、米と水、気候ぬきに語れない。蔵元はいう。

「やっぱり自然の恵み、それこそ神さまの微笑みがないといい酒にならないんです」

蔵元の認識、あるいは信念というべきか、それがうれしい。

「こういう酒こそ、銘酒と呼ぶにふさわしい」

私は手放しでほめる。蔵元はくすぐったそうな表情だ。

いま、日本酒が試されている

いつの間にか、日本酒ブームなんていわれるようになった。

夜の街をさまよえば、日本酒をあつかう店が目立つ。クールジャパンにインバウンド、日本食が無形文化遺産に登録されたことも追い風となろう。日本酒の輸出量は数字だけ追えば増加した。ａｗａ（泡）酒、純米酒、生《き》酛《もと》、酒造好適米、乾杯条例……日本酒をめぐるキーワードは数多い。若者や女性向けという古びたキャッチコピーも健在だ。

　私が並べたてると、蔵元はわざとだろうか、こちらを向かずにこたえた。

「確かにブームめいたものはきています。でも、素直にうれしがる気には……」

　彼は日本酒の苦境時代を生きてきた。

　日本酒は一九七〇年代半ばから低迷の魔窟に落ち込んでしまう。製造、販売量ともガタ落ちの一途。蔵の数もどんどん減っていく。それは、終わりのないトンネルのようだった。まして蔵元がこの仕事に就いたとき、焼酎のすさまじいブームがおこっている。それが日本酒をさらに叩きのめしてしまった。私は言葉を選びながら指摘する。

「焼酎ブームで何が残ったのか。日本酒業界はつくり手から売り手までが他山の石としなければ。一時の売り上げアップに酔うのは愚かしい」

「日本酒はまだ、アルコールシェアで十パーセントを切ったままですからね。百人いて数人しか呑んでもらえない酒なんです」

　しばしの間、蔵元と私は杯を手にしたまま口をつぐむ。やがて、どちらからともなくため息が漏れた。また沈黙が訪れる。それを破ったのは蔵元だった。

「このチャンスをどう活かしていくか。日本酒にかかわる全員が試されています」

「日本酒には文化という強力なバックボーンがあります。それを活かすには、改めて本質を、伝統と継承をみつめ直すべきじゃありませんか？」

なんだか、話が大げさになってしまった。

エラソーに大口を叩いたのは、美酒にそそのかされたせいにしてしまおう。

蔵元が重箱をあける。こごみ、タラの芽といった山菜の天ぷら。根曲がり竹と鯛の子の煮物にゴマを散らせたセリのおひたし、干した鱩《はたはた》をあぶったの。クリームチーズを乗せたいぶりがっこ、比内地鶏の照り焼きもある。

これぞ郷土の恵み。どれを摘まんでも絶品だ。

桜は美しく、頬にあたる風が気持ちよい。天気は花曇り。強い日差し、雨に困るわけではない。気温だって寒くも暑くもない頃あい。ホーホケキョケキョと春告鳥《うぐいす》が鳴き、ゆらりゆらゆら蝶は舞う。

「うまいなあ、しあわせだなあ、日本っていいなあ」

酒を呑めば、浮き世のウサ、世間のシガラミがゆっくり遠くに霞んでいく。料理の箸も進む。ひとりで呑む酒は五臓六腑ばかりか、しみじみ胸に沁みる。男と女で酌み交わせば二人の間の垣根も低くなろう。皆でやるならワイワイと陽気にいきたい。

そして、酒は人生のアレコレがのしかかっている背中をそっと抱いてくれる。

なんとも不思議で魅力的な友、日本酒。もっとも深酒は禁物だし、酔いが失せて朝になれば、依然として悩みや問題はどっかり居座っているのだけれど——。

蔵元は肩をすぼめ、「それはそれとして、もう一杯どうです」とおだやかな声になる。

私はずうずうしく杯を差しだす。秀でた味わいに魅了され、酔いが全身をめぐる。

「また、日本酒の旅がしたくなってきました。蔵と人、銘酒はもちろん、日本酒ブームの実情を確かめたい……もう一度、日本酒という文化を感じてみたい」

ふんぞり返らず、かといって卑屈にならず。うまい酒が相棒なら、この旅は最高！

頭上の枝がさわさわと揺れる。

酒を満たし鏡のようになった杯をのぞくと、桜花の微笑みが映りこんでいた。

第一章　うまい日本酒はどこへ行く？——新政
（新政酒造／秋田県）

日本酒のメインストリーム

秋田市で屈指の歓楽街・川反《かわばた》を歩く。

連なる呑み屋は陽光にさらされ白茶けている。

くわえタバコの兄ちゃんが、軽トラから生ビールのステンレス樽を左右にさげ雑居ビルに入っていく。ほどなく、彼と店主だろう、奥から錆びた笑い声がきこえてきた。

ちょいと失礼、荷台をのぞいてニヤリ、「春霞」に「刈穂」「雪の茅舎《ぼうしゃ》」「酔楽天」……うまそうな地酒が積んである。ぐぐう、思わず喉がなってしまった。

いかん、いかん。たおやかなる美酒の柳腰にそっと腕をまわすのは後のお愉しみにとっておかねば。めざす蔵はもうすぐ近く、由緒ありげな黒い杉板の料亭や美孃の群れ舞うキャバクラの看板なんぞうっちゃってしまおう。

「うまい日本酒はどこへいく？——この旅でこたえをみつけるのが先決だ」

自分にハッパをかけ歩き出す。スナックの軒先で、前肢に頭をのせ寝そべっていた白に茶ぶちの大きなムク犬が少しだけ首をおこして私をみやった。

川反の派手な街並みが果てたところに「新政酒造《あらまさ》」がある。

古びた旅館それとも工場かとみまごう建物がぎゅうぎゅうと身を寄せ合う。しかし、連なった社屋の端は白壁の蔵、大きな杉玉が掲げられ酒屋であることを誇示している。

出迎えてくれたのは八代目当主の佐藤祐輔《ゆうすけ》だ。

「僕はとにかくポリシー先行型。奇人変人呼ばわりされることもありますが、それくらいのパワーと信念がないと日本酒の蔵をやっていけません」

穏やかな顔のまま、いきなりこんなことを口にする。彼は細身で色白、小顔。メタルフレームのメガネの奥に涼やかな眼がひかり、鼻や唇の道具立ても小づくりで端正、知的な風貌をしている。

一九七四年生まれだから白皙《はくせき》の美少年という年齢ではない。だが、およそ野卑や粗雑と縁遠い佐藤にはついそんなイメージを抱いてしまう。さらりと着こなしているカットソーは、ごひいきのイタリアブランド「ＬＭアルティエリ」だろうか。

襟ぐりから、痣がのぞいていてペンダントのようにみえる。


私には、敬愛してやまない蔵元や杜氏たちがいて、語りあうたび「ううむ……」と唸ったり「なるほど！」と膝をたたいたりしている。そんな方々の醸す酒、これがまた上々吉なのがうれしい。

佐藤祐輔もまた、その動向が気になる人物だ。ことに、彼が意欲をみせる伝統的な醸造への回帰、食文化としての日本酒に対する見識は、今後の日本酒の在り方に想いをはせるとき、たくさんのヒントをあたえてくれる。

「新政」は当代の銘酒と呼ぶにふさわしい。

佐藤のラディカルさ、ドラスティックぶりはもちろん、茫洋としたユーモアを肴に新政をやれば、いつしか盃が重なっている。

「僕は日本酒業界の外野にいますからね。しょせんは異端児だもん。またサトー・ユースケが勝手なことをいって、好きなことをやってると思われてるんじゃないかな」

こんなことを気負うことなく、まして奇をてらうわけでもなくいってのける。

「新政なんて日本酒にあってはメインストリームじゃないですよ」

はて、日本酒のメインストリームとは？

カネ儲けしか眼中にない蔵元、ピタピタのスーツとソックスなしの革靴でキメた、マスコミのいう〝気鋭の醸造家〟なんぞが浮かぶ。思わずチェッと舌打ちしてしまったら、佐藤がぷっと吹きだした。

「僕のいうメインストリームは、対外的な発言と経営、酒づくりのバランス感覚のある蔵のことです。僕はいいにくいことを平気で口にしちゃうし、酒づくりに関しては、これだって思ったら採算を度外視して一気になだれこむから、バランスがすごく悪い」

佐藤はひと呼吸おいてから、しれっとした調子でいってのけた。

「僕の主張していることは、とても現在の常識にはならないです。でも、未来の常識にはなると思う。そう信じて発言しています」

新政が放つ光は、若手の蔵元、杜氏にとってまばゆいものだろう。

まず、新政の甘酸っぱくフルーティーなテイストは万人受けする魅力、いや、これぞ新政の魔力に富んでいる。

新政はほどよく、そう、九度くらいに冷やすと圧倒的なパフォーマンスを発揮する。先導役は奥ゆかしい香り。口に含むと、甘さと酸っぱさが群をぬく印象深さ、毎度これには圧倒されてしまう。ほどなく辛・苦・渋が絶妙のタイミングとバランスでのっかる。余韻は深い。だが、それは見事にキレる。

この酒の姿を想えば、清らかで可憐な令嬢のようであり、優艶さやコケティッシュな面も指摘したくなる。しかもエレガント、あくまで上品なのだ。新政の味わいは、入り組んではいるけれど難解ではない。老若男女、国籍を問わずアピールできよう。

それは、新たな日本酒ファン獲得のためのメルクマールとなった。

だが、佐藤にとっては、ちょっと待ってくれということらしい。

「新政が目標といわれるのは光栄ですが、新政に似たテイストの酒がいくつもあるなんて意味ないんですよ。地酒はサバイバルの世界ですからね。生き残るためには、ウチの真似なんかするんじゃなく、もっと真剣に個性化や差別化を考えなきゃ」

クオリティ、文化性、そして思想

二〇一〇年以降、「新政」と「獺祭《だっさい》」というスターブランドが生まれ、私にいわせれば「いい意味でも、悪い意味でも」業界を引っぱっている。

マスコミやネットはスターの登場を待ちわびている。彼らに日本酒が取りあげられるのは好ましいことだ。でも、報道が過剰になると〝時代の顔〟への批判精神を欠いたまま、トレンドに流される蔵が出てくる。酒販店や飲食店もしかり。酒屋万流《さかやばんりゅう》——全国の蔵が誠実なつくりで個性たっぷりな酒を競いあい、供する立場の者は幅広いスタンスであるべきなのに……。

もっとも、一般的な知名度と石高（生産量）で新政は獺祭に及ぶべくもない。

日本酒になじみの薄い人でも獺祭を知っていようが、新政はそういうブランドではない。これは、佐藤が意識してテレビを避けていることにも起因しているのだろう。視聴率一パーセントは、関東圏だけをとっても約四十万六千人に相当するといわれている。退潮いちじるしいといわれながら、テレビの持つ威力は侮れない。

蔵や酒が紹介され、持ちあげられれば、たちまち名がとどろく。なのに、佐藤はそういう場に登場しない。

「テレビはすごく恣意的な編集をしますからね。取材して結論をみつけるんじゃなくて、最初から結論ありき。こんなの、とても相手にしてらんない」

佐藤は蔵へ戻る前、フリーライターをしていた。それだけに、取材方法や記事にはことのほか厳しにきたそうだ)。

い。新聞記者がずいぶん乱暴だったと心外そうに話していたこともあった(ろくすっぽ下調べもせず

「それでも僕の学歴をおもしろがって、よくビジネス情報番組から声がかかるんです」

佐藤は、明治大学商学部を「マネージング学に挫折」して一年で退学、一浪のすえ東大文学部英文科に再入学している。

「ダニエル・キイスの『アルジャーノンに花束を』が愛読書。サイケデリックな世界にも興味しんしんで、プログレロックのバンドでベースを弾いてたんです。音楽はマニアックですよ。ジャーマンプログレのカンとかアシュ・ラ・テンペルが愛聴盤かな」

卒業論文は「ボブ・ディランとウイリアム・S・バロウズ」というビートニクを代表する二人を選んだ。ディランといえばノーベル賞でも己を貫いたのが印象的だった。メッセージ性の強い詞は〝文学〟たるものだし、単調なメロディーや歌唱力の不足をカバーして余りある。

作家バロウズは、破天荒な面に注目してしまいがちだけど、興味をもった対象への徹底的なのめりこみぶりが、彼の人生と作品を堅固に支えている。

自分の流儀を崩さず、興味あることに傾注する——佐藤もしかり。

そういえば、バロウズ談議をしていて、話題がこの作家とヘロインの密接な関係になったとき、佐藤はおもしろいことをいった。

「酒は日本政府が唯一公認しているドラッグです。ドラッグは鬱屈や不満のガス抜き効果があるわけ

だし、これがないと庶民は暴動をおこすかもしれない。だけど、オーバードウスは悲惨な結果を呼びます」

世界保健機関（ＷＨＯ）は、「アルコールの有害な使用を減らすための世界戦略」を採択した。タバコはヒステリックなほど有毒視され居場所がない。いずれ、酒の広告や安売り、飲み放題が標的になる可能性は否定できない。だが佐藤は極めて冷静だ。

「日本酒も呑みすぎないよう、業界をあげてキャンペーンに取り組むべきですね」

余談ついでに、もう少し音楽のことを。

私だって中高生時代はプログレのレコードを漁ったものだが、到底、佐藤の域には立ち入れない。なにしろ、カルロス・サンタナとかデュエイン・オールマン、さらにブルーズ、民族音楽といったねばっこいところへ突進していったクチだから……。

ただ、このことはいっておきたい——酒の好みと音楽の嗜好は似ている。

音楽は、各人の感性と官能だけでなく経験や知識、年齢、環境などによって好みが決まる。時代のトレンドに左右されることもあろう。そして、最後は偏見だ。

私は三十代半ばくらいから、そう、身も心も日本酒の世界にどっぷり浸かるようになって、クラシックやジャズにも親しむようになった。こういったジャンルの名曲や名演にふれると素直に心がふるえるのだ。メロディーとハーモニー、リズムに演奏者の技術、表現力が高レベルなら、素直にいい曲だと感心してしまう。

日常的に聴くことはなくても、曲の完成度や演奏家の実力はすんなり認める。

酒だって同じことがいえるだろう。日本酒にも香・甘・酸・キレという、今日のトレンドがあれば、カップ酒やパック酒の風味、熟成系に古酒の趣、越後の淡麗辛口や伏見の女酒、灘の男酒……いろんなバリエーションがある。

好き嫌いの一元的な価値判断もいいが、そこから一歩進んで（いや退くことになるのかな）、酒そのもののクオリティや蔵の文化性、思想も愉しんでほしい。

高品位な酒には、嗜好のレベルを超えて訴えるものが必ずある。

たしかな世界観をもつ蔵元

新政が〝マイナー〟なのは販売チャネルの多寡も影響している。

新政の流通はごく限定的、大型量販店やデパートじゃ買えない。ネットショップでの扱いにもいい顔をしない。

「新政をおいしくいただいてもらうには、低温管理が不可欠」

低温管理、あるいは一歩進めてフレッシュローテーションとは、蔵から販売拠点、客までの経路を最大限に新鮮な状態でキープする体制のことだ。佐藤は販売店や飲食店を厳選し、冷蔵庫での保管を要望している。ディスカウントショップやスーパー、コンビニなどの冷蔵庫はビール類とチューハイに占領され日本酒の割り込むスペースがない。

いつぞや佐藤が珍しくプリプリしているのに出くわしたことがある。

「首都圏の特約店のひとつが、何度いっても、ウチの酒を低温管理してくれないそうなんです」

新政ファンは熱狂的、かような蛮行を目撃するとすぐさまご注進とあいなる。

「その酒販店には、もう取引を終わりにするといいました。こっちは全身全霊をこめて酒をつくっているんですから、売る側だって約束を守ってもらいたい」

これもまた佐藤の面目躍如だ。

新政シンパは酒販店から飲み屋、ファンまで誰もがまことに熱烈でほほえましい。彼らは揃って「自分こそが最大最強の理解者」と胸をはるからだ。

皆、新政に惚れ、蔵元を身近に感じている。こういう信奉者のいるブランドは強い。してみると、佐藤祐輔はなかなかの人たらしでもある。いみじくも「魔力」と書いた理由がご理解いただけよう。かくいう私も蔵の動向に興味しんしんだし、新政をチクとやってはニンマリしている。

なにより、彼と語り合うのは実にスリリングだ。卓越した醸造知識、がむしゃらな探求心、実行力と天然ボケの隠し味、いずれもまことにけっこう。

同業者の支持は高く、酒造関係者の多くが一目置いている。そんな中、私が親しくする蔵元が微苦笑という感じでこう指摘した。

「ユースケは本当に勉強熱心、酒の話になったら止まんないですよ。ただ、歳うえで酒づくりのキャリアもずっと長いオレにタメ口で話すけどね」

私は、とりわけ佐藤のインテリジェンスに強く惹かれている。

これは、語るべき自分のことばを持ち、世界観を確立させているといいかえることができる。

もちろん、世界観のある蔵元は佐藤のほかにもいる。本書にご登場いただく面々はその好例だ。しかし、現在千二百蔵が稼働し、千二百人の蔵元が存在するとしたら、残念ながら全員が卓見をもっているわけではないし、語彙と表現力を備えてもいない。だからこそ、佐藤の存在が光る。

「酒づくりの世襲制は一考が必要かも。一般企業なら出世もおぼつかないような人材のくせに、長男だからという理由で蔵を継ぎ、社長に収まるわけですからね。そんな人ほど日本酒ブームだ、若手蔵元なんておだてられ調子に乗ってしまう」

彼にこういわれたら、たいていの蔵元はグウのネもでまい。

ただ、思い返すと、佐藤との話題が業界の昨今、醸造と発酵の歴史、食文化に特化しているのは事実だ。日本の精神文化や伝承、伝統などにはさほど触れてこなかった。

私には、彼とは別に精神論や東洋思想をめぐり、唾を飛ばしあう蔵元や日本酒関係者がいる。だから、というわけではないけれど、佐藤にそっちの生々しいネタをあまりふらなかった……本章も、佐藤をめぐる醸造と食文化について書くことになる。

日本酒のあるべき姿

佐藤に案内してもらい、蔵のあちこちをみてまわる。

新政の蔵人たちは男女ともこぞって若い。礼儀正しいうえ、てきぱきと動く。蔵人の受けこたえや所作に、新政の酒を醸すよろこび、躍動と充実がみてとれる。

新政酒造は嘉永五年（一八五二）から営々とこの地で酒を醸してきた。創業の翌年にはペリーが来航し幕末の動乱期に突入する。「新政」の由来は、西郷隆盛の「厚い徳をもって新たな政《まつりごと》を行うが如く」にあるという。

歴史のあるぶん、蔵に老朽の色は隠しきれない。だけど、すみずみまで整理整頓され清潔そのもの。こういうところにも、佐藤祐輔イズムが浸透している。

だからこそ、うまい酒ができる。

二階にあがるとタンクが整然と並んでいた。

明り取りの窓から、やわらかな光が差し込んでいる。

歩を進めれば、かすかに足元の杉板がたわむ。蔵元がタンクの蓋をあけてくれた。醪《もろみ》は早くもフルーティーな香りを放っている。それを確かめる佐藤の愛おしそうな表情がいい。思いなしか麴と酵母、乳酸菌ら微生物の息づかいが伝わってくる。

この蔵では佐藤を含め八人の当主が活躍してきた。先代までは創業者「佐藤卯兵衛《うへえ》」の名を継ぎ、いずれもユニークな酒屋だった。

しかし、その中でもやはり佐藤祐輔の存在は際立っている。

「東京でフリーライターをしていた僕が酒蔵を継ぐなんて。家業は三つ違いの弟に譲るつもりでした。

そんな僕が、こんなに酒づくりにのめりこんじゃって……でも、二十代の頃は、酒屋って仕事から逃げ回っていたというのが正解かな」

新政というブランドは秋田にあって「爛漫」「高清水」に次ぐ大手だった。

それは普通酒の売り上げに頼って販売量を稼いでいたことを示す。いや新政だけでなく、およそ地酒というものは蔵の規模にかかわらず「地元民のために地元で醸した安価で親しみやすい酒」が主流だったのだ。それは毎日の晩酌の酒であり、寄り合い、慶弔の場で供される酒でもあった。アルコール飲料の選択肢が少ない時代にあって、身近な日本酒は日常のさまざまなシーンに欠かせぬ相棒だった。

「だけど当時の新政の普通酒は、赤字の元凶のうえ、僕の方針にそぐわないものでした」

普通酒には、水で希釈した醸造アルコール、各種の糖類、酸味料、グルタミン酸ソーダなどで、酒を三倍もの量に増やす「三増酒《さんぞうしゅ》」も幅をきかせていた。戦時中、貴重な米を節約し、戦費を賄う酒税徴収のため増量させた苦肉の策だったのに、それが戦後も生き延びていた。

佐藤が日本酒を見直す大きなきっかけとなったのは、三増酒ではなく高品位な地酒だった。静岡の「磯自慢」、愛知の「醸《かも》し人九《びとく》平次《へいじ》」などがそれで、彼は日本酒のあるべき姿を見据えることになった。

「こういう酒を新政でも醸したい。そう決心して二〇〇七年に蔵へ帰ってきたんです」

佐藤はその年の暮れ、三十三歳になった。

有為の地酒蔵が新たな道を探りはじめたのは、一九九〇年代初頭のことだった。

その旗手として高木顕統《あきつな》の「十四代」が有名だ。高木は「蔵元杜氏」という、オーナー自らが醸し手となる新たなシステムを普及させている。

十四代は気品高い香りと、すっきりしていながら奥深い味わいで日本酒の歴史に輝かしい一ページを刻んでみせた。

だが、強調しなければいけないことがある。

十四代を生んだきっかけは、一九七〇年代半ばから連綿と続いた日本酒の悲惨な状況にほかならない。業界は安易な酒づくりに堕していた。佐藤がヘキエキした「まずいし悪酔いする酒」が大手をふって出まわっていたのだ。

当然、日本酒は敬遠され、酒質向上のメドがたたない蔵は廃業に追いこまれた。

その中で、負の遺産を背負いながら、なんとか再起をめざした一九五〇年代後半から六〇年代生まれの、当時の「若い」蔵元や杜氏が、うまい酒をひたすら醸そうと奮起した。十四代ひとつではなく、佐藤が感銘した磯自慢や醸し人九平次、長野の「大信州」、広島の「龍勢」などはその好例といえよう。

こういう動きがあったからこそ今の日本酒、極論すれば新政がある。

それは、誰が先導したというより、火急の状況が産んだ必然というべきものだった。

「新政は宣言の蔵」

新政八代目当主・佐藤祐輔は改革に乗り出した。

当時の新政は実に八割が安価な普通酒だった。この蔵は大胆な路線変更へ向かう。

佐藤は、酒質改革のためベテラン杜氏と話し合ったが折り合いがつかない。

「かつて酒の〝価値〟が特級や一級、二級と級別で示されていた時代、その酒の値打ちをお上が決めていました。酒質や蔵の思想などを材料にマーケットが価値を決めていたわけじゃなく、お上が級別審査や鑑評会などでお墨付きを与えていたわけなんです。地方では、今もその名残りがあって、田舎の有名銘柄の多くが過去の栄光にあぐらをかいています。そういう蔵の現場では、改革しようとか、いい酒を醸そうという発想が生まれにくいでしょう」

これは世代間闘争というより、それぞれの立場と意識の差異というべきだろう。

「杜氏の存在は尊重したつもりです。でも、オレが教わったのはこういう酒造法、こういう味の酒だといわれたら、僕に返す言葉はありません。だけど、それで僕のつくりたい酒はできないんです。ならば、袂《たもと》を分かつのも仕方ない」

彼は新人といっていい若手を登用した。人事に軋轢《あつれき》があったのは当然だろうが敢行した。佐藤は蔵元杜氏というわけではないが、積極的に酒づくりにも参加している。

「いろんな意見をきいて、いちいち対応していてもラチがあかない。極論したら、僕は自分が呑みたいテイストの酒を醸したかった。それは純米酒であって、普通酒じゃなかった。手間をかけるぶん、値段は高くなるけれど仕方がないと腹をくくりました」

このあたり、佐藤のロジックは実に興味深い。その一端を紹介しよう。

「仮に百円高くなったとしても、二倍愉しめる酒ならいいんじゃないかな。人手を削減してコストダウンする方法もあるんだけど、それは間違いですよ。いい人材がいるからこそ、いい酒を醸すことができる。僕の標榜する酒は、やっぱり手間ひまがかかるんです。人手を削ってしまうとドツボにはまってしまいます」

極めつきは、醸した酒に対するプライドあふれる発言だ。

「日用品はコスパがよければいい。でも、新政はそういうんじゃなく伝統工芸品でありたい。もっというと芸術品だという想いをこめています」

佐藤はラベルやボトルのデザイナーを社内に置いている。こういう蔵は珍しい。

「酒は作品、音楽や文学と同じなんです。ならばアルバムジャケットや装丁にまできちんと気を配り、作品性をアピールするのは当然でしょう」

佐藤は五年かけて普通酒から完全撤退し「全量純米宣言」を発表する。

「それまで支えてくださったお客さま、酒販店、飲食店の方々からは猛烈なバッシングを浴びました。父ともかなりやり合ったけれど、あのまま普通酒にしがみつき旧来の需要に頼っていたら……たぶん、新政は消えていたでしょう」

父は日用品を主軸にした。それは時代のニーズに沿ったものだった。

しかし、息子は芸術品を目指す。

「蔵の経営を立て直すためにも、嫌なこと、やりたくないことを削除していきました」

佐藤は「新政は宣言の蔵」という。

毎年のようにアッといわせる宣言が飛び出す――「オール六号酵母使用宣言」に「オール秋田県産宣言」「オール純米酒宣言」や「オール山廃宣言」をやってのけただけでなく「オール生酛《きもと》宣言」と息つく暇もない。「オール四合瓶宣言」「醸造用の添加物全廃宣言」もショッキングだった。

佐藤が指折りながら、「これで全部なのか僕にもすぐにはわかんない」というほどだ。

「宣言すると前のめりになるので、現場が追いつけないことがあります」

計画どおりに酒が醸せぬどころか、登用した人材を活かしきれなかったことも……。

「僕自身が心身ともクタクタになり、倒れかけたことだってありました。だけど、僕は大きなポリシーに負けたとは思わない。振りかえったり、立ち止まったりはするけど、かならず最後は壁を乗りこえていく自信があります」


「革命児」ではなく「改革者」


ぶっ太《と》いホースから、勢いよく水が噴き出ている。

コンクリの床をごしごし掃除していた男が顔をあげた。

スキンヘッドに大きなセルのメガネ、「新政」の製造現場のトップ古関弘だ。一九七五年生まれの彼は、富山の「三笑楽酒造」で酒の世界に入り、二シーズン秋田の「福乃友酒造」で杜氏をつとめ、二〇〇八年の春から新体制の新政に加わった。

古関のトレードマークともいえる満面の笑顔、そして朗々たる声がひびいた。

「今年もユースケ社長はフルスイングしています！　おかげで僕らはどこへボールが飛んでいくのか、右往左往しながら走りまわっています」

私も古関に負けじと声をはりあげる。

「それでも毎回、ナイスキャッチしているんだから大したものです」

古関は蔵元の佐藤祐輔のことを「マッドサイエンティスト」とか「暴走機関車」といってはばからない。

「ホントにもう、現場の都合を考えないで次々に、いろんな宣言を出すんですから！」

誤解のないよう記しておくが、古関はこういい放つとき、眼をくりくり動かしたり眉を激しく上下させたりする。口調にも屈託がない。大阪人の私としては、親愛の情たっぷりに「ナンギやなあ」とぼやくのと同じニュアンスだと解釈している。

佐藤は古関がしゃべるにまかせ、苦笑しながら肩をすぼめてみせる。

もちろんのこと、佐藤の古関に対する信頼は絶大だ。

二人の絶妙というか珍妙というべきか、息のあったコンビネーションがあるからこそ、新政の躍進はこれまで途切れることがなかった。

マスコミやネットは佐藤祐輔を「救世主」「ニューリーダー」などと呼んだ。「日本酒業界のスティーブ・ジョブズ」というのもみたことがある。

ただ「革命児」というのは、いかがなものか。

私は佐藤祐輔が革命を起こそうとしているとは思わない。

彼こそは「改革者」というべきだ。これは言葉遊びではない。佐藤の目指すところ語ることを知れば、自ずと導き出される結論とご理解いただきたい。もっというと、私は日本酒に革命の必要はないと考えている。だが、改革と創造力は欠かせない。

日本酒は稲作文化ありきの食文化だ。米に対する日本人の想いがつまっている。

米と水は微生物の働きを得て発酵し日本酒となる。麹《こうじ》の酵素が米のデンプンを糖化させ、その糖分を源に酵母がアルコールを生成するという、世界でも珍しい「並行複発酵」が行われる。微生物の働きをバックアップするのは蔵人の技のみせどころだ。

この大原則は二千年以上も変わっていない。発泡性があれば赤い酒、味わいのバリエーションは豊かだが、それでも基本ラインとでもいうべきものが確かに存在する。

ブドウで醸した酒、麦から醸造する酒、穀物を蒸溜した酒……世にアルコール飲料は多いけれど、日本酒はどれとも異なるワン&オンリーの製法と風味、そして文化を持つ。これらは決して揺らぐことがない。強固かつ絶対的なものなのだ。

ただイノベーションは幾度となく行われてきた。

菩提泉《ぼだいせん》、生酛、山廃酛、速醸酛に酒米の開発、酵母や麴のニューラインナップ……日本酒はいつの時代でも、才あるつくり手がクリエイティビティを発揮して新たな突破口をみつけている。もし米から醸した酒に「革命」が起こったとしたら、連綿と受け継がれてきた日本酒とは、まったく違う文化、精神性を携えたものになろう。

佐藤祐輔は、口を開けば日本酒を起点とする食文化や醸造について饒舌に語る。

「僕たちくらい日本酒の伝統に忠実な蔵元は、けっこう珍しいと思います」

冗談めかしているが、彼はホンネをいっているはずだ。

さて、改めて新政の蔵のそこここをみまわす。

眼にはみえないけれど、古めいた梁や漆喰、天井から床まであちこちにオリジンの酵母が棲みついているのだ。私は、さぞや感慨深げな顔をしていたことだろう。

新政で「きょうかい六号酵母」が採取されたのは、昭和五年（一九三〇）、五代目当主の時代のことだ。「きょうかい」酵母とは、日本醸造協会で頒布する優良酵母をいう。

六号酵母は「発酵力が強く香りはやや低くまろやか、淡麗な酒質に最適」とされる。

はて、新政ってけっこう香りが鼻腔をくすぐるし、口に含めばアタックだって弱くないぞ、と反問したくなるが……世の中には眉をひそめるほど派手に香る酒や、ぶんぶん腕を振り回す無骨な酒も少なくない。そういうのと比較すれば納得というところか。

ほかにも長野「真澄」の七号、熊本の「香露」から九号など、酒蔵に祖を求める酵母があることを記しておく。

また、酵母開発は灘や伏見の大手メーカーが着手している。酒どころの秋田や山形、長野、それに栃木など各地方自治体レベルでも〝おらが県の酵母〟の開発が急ピッチだ。日本酒の改革は醸造、発酵、生物学の各分野をも巻き込んでいる。

日本酒のフルーティーな薫りは酵母のたまもの、六号酵母がいい仕事をしてくれると、生ライチを連想させる上品で甘い芳香が生まれる。

ところが先年、佐藤は「オール生酛宣言」を行った。佐藤いわく、「生酛は酵母無添加の酒づくりにも向いているから」だという（とはいえ、彼が「一般的な酒造法の文脈において、必ずしも『生酛＝酵母無添加』ではありません」と念押ししたことを記しておきたい）。しかし、酵母無添加となれば六号酵母はどうなってしまうのか？

「現在は年に数本ですが、酵母無添加の酒づくりを行っています。これには培養した六号酵母を入れません。少しずつ無為無策、天然自然の酒づくりに近づけていきたいからなんです。まあ、酵母無添加といっても、新政の蔵には六号酵母がいっぱい棲みついていますから、これが自然に酒を醸してくれるはず……酵母無添加でも、そんなに新政の酒の味が変わるってことはないですよ」

さらに、彼はいった。

「六号酵母抽出にかかわった五代目卯兵衛へのリスペクトは変わりません」

五代目卯兵衛は大阪高等工業学校（現・大阪大学工学部）醸造科に進学し、「西の竹鶴、東の佐藤」といわれるほどの傑物ぶりを発揮する。竹鶴とは後にニッカウヰスキーを創設する竹鶴政孝のことだ。当時の最新醸法を学んだ佐藤の曾祖父は、米を五〇パーセント以上も磨いたうえ、じっくり低温で発酵させるという画期的な製造法を編み出す。五代目の酒は鑑評会で高い評価を得て「新政＝美酒」の世評を確立させた。

「貴重な米を半分も削ってしまうというのは、並みの蔵元ではできない発想。それをやってのけた五代目の存在は、僕のバックグラウンドになっています」

この戦前のノウハウは、ずっと時代が下って現在の吟醸酒の製造法に重なっていく。

「だけど、五代目はかなりの異端児、変わり者ですよ」ひ孫は憎まれ口をたたく。

「当時としては、とんでもなく常識外れな製法を採用したんですから」

かくいう佐藤も異端児を自認している。さすれば、曾祖父への敬慕あればこその、変わり者呼ばわりと解すべきだろう。

江戸時代に完成した醸造法

「生酛宣言を出すにあたって、いちばん大事なのは衛生面でした。天然自然の菌の力を活用するといっても、自然界には悪さをする菌も多いわけで、そいつらを排除するには一にも二にも清潔！　衛生環境が徹底しないと理想の生酛はできないんです」

そういえば、佐藤が蔵に入ったときベテラン杜氏と最初に衝突したのは衛生面の問題だった。佐藤はここで妥協せず、結果として老杜氏を切る選択にいたる。

「僕が温故知新というか酒づくりの年代史的に逆行していくのは、いつも日本酒の文化とか伝統を強く意識しているからだと思う」

　いつぞや、佐藤から「マスダさん、これを読むといいですよ」と江戸時代の本をすすめられたことがある。『童蒙酒造記《どうもうしゆぞうき》』と『寒元造様極意伝《かんもとつくりようごくいでん》』という、いずれも近世中期の酒造にまつわる数少ない史料だ。また彼は、日本古来の醸造法を知悉《ちしつ》するだけでなく、中国や東南アジアの麹づくりも学び創作に活かしている。

　佐藤はワインをはじめさまざまな酒の造詣が深く、何度も海外の醸造所へ足を運んだりしている。土産話をせがむと、彼はきらきらと眼を輝かせるのだ。

「やっぱり日本酒って凄い。ワインよりずっと複雑で高度な醸造をしています。日本酒って世界最高峰の酒ですよ」

　佐藤が回帰していった生酛は、江戸時代に完成した醸造法だ。

「酛《もと》」とは「酒母《しゆぼ》」ともいい、酵母を大量に培養する工程をさす。

　酒づくりにおいて、微生物には活躍のステージが三つある。ひとつが蒸した米に麹菌をまいて「麹」づくりをし、炭水化物から糖分を生みだす準備を整えること。

　もうひとつが酛で、安定した働きをする強い酵母菌を育てる工程だ。前述したが、酵母はアルコール生成だけでなく、香りや複雑な味わいを左右する。酛がサケのモトであり、酒母がサケのハハと書かれる理由も自ずと知れよう。

しかも日本酒の製造では、三番目の大舞台として両者を合体させ麴のデンプン糖化と、その糖分を源に酵母がアルコールを生成するという、世界でも珍しい「並行複発酵」が同時に行われる。この工程を「醪《もろみ》」あるいは「造り」と呼ぶ。

「一麴、二酛、三造り」は古《いにしえ》から醸造の肝要とされている。

まさに蔵人の腕のみせどころなのだ。

さらに、酛では乳酸菌の存在もクローズアップされる。

酵母は雑菌に弱く、乳酸の力を借りてガードしなければならない。生酛の場合、蔵のあちこちに棲む、あるいは大気中に漂う天然の乳酸菌を取りこみ、これが生成する乳酸をもって雑菌や野生酵母を駆逐する。

生酛はまさに天然自然、おおらかにして手づくり感に富んだノスタルジックな製法だ。しかし、雑菌のほうがパワーでまさっていたり、蔵人が微生物の働きをコントロールしきれなければ、腐造やアルコール度数があがらない、風味が著しく劣るといった悲惨な結末を迎えてしまう。

「実は僕も……生酛にはかなり手こずりました」

佐藤が心身ともに疲れ果ててしまっている――そんなことを耳にしたのは二〇一五年の春あたりだったろうか。

生酛のデメリットを解消するため、明治四十三年（一九一〇）になって「速醸酛」という新たな製法があみだされた。これは、自然の乳酸菌を呼び込むのではなく、市販の純度の高い醸造乳酸を人為的に加える。生酛に比べ安定した品質の酛がつくられるメリットは大きい。

生酛で約三十日かかるところ、速醸酛なら半分ほどの期間ですむのも魅力だ。

戦後ながらく生酛は速醸酛に押されてマイナーなつくりだった。

だが、二〇一〇年あたりから生酛、あるいはその製法に改良を加えた「山廃」の酒が目立つようになってきた。生酛、速醸、山廃のすべてを醸す蔵も少なくない。

酒を芸術品といわずとも、優れた工芸品ととらえた場合、やはり自然の恵み、手のかかった製法とあらば消費者としては心ひかれてしまうのは仕方なかろう。だが、ツムジもヘソも曲がっている私なんぞにすれば、かなりの数の蔵が軽佻浮薄かつ安易な発想で、この伝統製法を採用しているように思えてならない。

「う〜〜ん、よその蔵のことはわかんない。だけど、僕はそういう気持ちで取り組んだりはしていません」

佐藤は酛づくりのため木桶を購入した。いずれ近いうちタンクをすべて木桶樽に替えてしまうと断言している。

「昭和五年、曾祖父が当主だった新政酒造でも木桶がメイン。当時、日本一の美酒といわれた純米酒は木桶でつくられていた——そんな事実に出くわすと、どうしても木桶にチャレンジしたくなってくるんです」

考えを頭の中で延々と転がすのは佐藤のやり方ではない。傍からみれば無謀とも思えるケースであっても、彼はスピーディーに断をくだし実行に移す。

古関ら蔵の面々は、ある朝いきなり木桶が運ばれてきて仰天したそうだ。

木桶は、奈良県吉野郡川上村産。樹齢百三十年から百五十年、酒樽専用の杉でつくられている。木桶に使う杉は年輪のメが詰まっていて、樹齢を経てもさほど太くならないのだという。

「木桶って扱いにくいです。漏れるしカビるし、正体不明のヘンな雑菌まで棲みつくし——でも木桶で醸すと複雑な味わいが表現できるはずです」

前作『うまい日本酒はどこにある？』（草思社）で、私は外国人女性が旗振りをした木桶復活運動についてふれている。「金髪碧眼の若いアメリカ女」に先導されるまで無為無策だった日本酒関係者と、ことさら「若い」「白人」「女」の部分に着目するマスコミの姿勢を批判したものだった。

しかし、ようやく日本人から佐藤祐輔のような異才があらわれ、木桶に取り組むと知りとてもうれしかった。日本酒を語るとき文化、伝統、歴史はかならずついてまわる。誰だって、これを語る。ところが本質をきちんと学び、踏まえることはむつかしい。

佐藤祐輔が木桶と正面から向き合うのなら、微力ながら応援を惜しまぬつもりだ。

酒づくりで集落を再生させたい

そんな私に、佐藤はいかにも彼らしくボソっと辛らつな一撃を放った。

「県や市のバックアップを得て、この蔵の一部を、お酒の文化にかかわる公的な空間にする企画が進んでいます。それと並行して、自社の田んぼの近くに、その土地の米しか使わない、すごくコンセプチュアルな酒蔵をつくるつもりです」

「ええっ⁉　ひょっとして本社を田舎へ移転してしまうのですか」

わめく私を、佐藤は「早合点しないでください」とたしなめた。

「六号酵母の出た蔵だけに本社でも酒づくりは継続しますが、未来のためにもっとおもしろいことをしたいんです」

佐藤の次なるプロジェクトは、無農薬栽培の自社田を基軸にして、酒づくりと米づくりを融合させるだけでなく、限界集落化した村を再生するという雄大なものだ。

「場所は秋田空港からクルマで二十分ほどの鵜養《うやしない》地区です」

鵜養は過疎化が進行し世帯数五十八、人口百三十九人にまでなった地区だ。新政はここに二町分ほどの田を借りうけ、無農薬栽培に取り組みはじめている。

「古関は先発隊として現地で米づくりをはじめています。彼は自分の判断で鵜養に住むといいだしました」

古関は二〇一七年の春、単身赴任で村に入り住民票も移した。彼は相変わらず元気だ。

「ピッカピカの農民一年生です。村の皆さんに、一から教えてもらっています」

鵜養は岩見川の源流で、大又川と小又川に囲まれたところに集落がある。江戸時代の石積みの堰《せき》が健在で、農業用水や生活用水としていまも活用され、とうとうと白波をたて水が流れるさまは力強くも美しい。

村落には茅葺きの民家が点在し、日本人の想いの中の農村そのものの光景だ。

「ろくに花の名を知らなかった僕ですが、野の花の美しさには毎日、感動しています」

古関が送ってくれた写真には、純白の仏焰苞《ぶつえんほう》、グリーンにイエローを散らせた花軸のミズバショウ、紫のあざやかなカタクリの花などが写っていた。

頼れる右腕を得て、佐藤の改革はいっそう弾みがついた。

「フリーライターをしていた僕が、蔵に戻ると決心したときから『改革ノート』を書きためていました。究極の目標は、酒づくりをとおして社会に恩返しすることです」

そこにはきっと、これまでのさまざまなアクションにかかわるキーワードが記されていたのだろう。

「自社の田んぼで生産した完全無農薬米で酒づくりします。もちろん生酛、酵母無添加、道具は木桶。新しい蔵では六号酵母と決別ですね。どんな野生酵母がいるのか見当もつかないけど、このプロジェクトは成功させたい。日本酒だ、文化だ、伝統だっていうんなら米作にまで立ち返らなきゃどうしようもないでしょ」

酒と日本の食文化の密接な関係を、農村再生と一体化して再検証する——まったくもって佐藤祐輔の発想にはいつも驚かされてしまう。

「もう誰もとめられない。だって、僕の中では決めちゃったことだし」

なんじゃそりゃ！　つんのめりかける私を異端の蔵元は笑いながら支えてくれた。

「新政の愉しみはテイストだけじゃないんです。蔵のストーリー性、企業としての倫理性を味わってほしい」

佐藤は味わいの話になると、ぶっきらぼうなほどの反応をみせる。

「テイストなんてファッションと同じ。極論すればどうだっていいんです。ファッション感覚で新政を呑んでいる人は、別の流行がきたらそっちへいっちゃうでしょ。あれこれ比べる人は去っていく。でも、僕はそれでかまわない。サヨナラです」

日本酒を醸す蔵としての倫理性とはこういうことだ。

「酒は口にするものだから、まずは衛生的な環境をつくらなきゃいけません。次に大事なのは、正々堂々とラベルに〝真実〟を表記することです」

日本酒のラベルには、純米酒だと「水、米、麹」と書かれている。普通酒なら「糖類、醸造用アルコール」も加わろう。ところが、これは酒税法で守られた〝虚偽〟の表示なのだ。酒税という大事な財源のため、厚生労働省は財務省に変な遠慮をしている。安全醸造、つまり腐造をはじめとする失敗を防ぐという名目のもと、醸造用酸類や除酸剤、麹の代替としての酵素剤、発酵助成剤の無機塩類、ビタミン類などの使用が認められている。そんな酒だとしても、いろんな添加物をラベルに表示しなくていい。腕の悪い杜氏は添加物をてんこ盛り使って醸すわけだ。

「新政は醸造の純粋性を守るためこれらの添加物を一切使っていません。ラベルに嘘の記載はしない、これが企業の倫理性です」

日本酒ブームという危うい岐路

蔵での話をきりあげたあと、佐藤は行きつけの店に誘ってくれた。

ふふん、やり過ごしてきた川反で酒池肉林の夜か。

頬をゆるめた私だったけれど、佐藤が案内してくれたのは秋田市内の、浅田次郎の小説に出てくる神獣と同じ名の、レストランとも見紛う和風料理の店だった。

ライティングが絶妙で、寄木の大きなカウンターとその奥のオープンキッチンをスタイリッシュに浮かび上がらせている。ヒゲをたくわえシェフ然としつつも気さくな主人と、飾らない感じの奥さんが中心で切り盛りしている。

大きな黒板に書かれたメニューは——もっちり、ねっとりしたタラの白子（「だだみ」というらしい）にニンニク醤油。ヤリイカにウニと黄身を絡める濃厚なくせにイヤみのない刺身。そしてクリスピーなうえ、しっかりほくほくと身がつまった甘エビの塩焼き。どれもこれも絶品といえる酒肴であった。

酒はもちろん新政だ。「NO．6」「エクリュ」「クリムゾン」「ラピス」などとネーミングされたバリエーションが並ぶ。それぞれが個性を異にしつつも「おっ新政だ」と唸らせる共通の味わいをもつ。

「う〜〜ん、新政は毎年、毎年、最高峰を更新していますね」

カパカパと盃をあけていたら、佐藤が苦笑した。

「酒は量を呑むものじゃありません。これは、本来は神さまに捧げるもの。おすそわけの分を少しだけ、じっくりと愉しんで呑んでください」

いやはや、おっしゃるとおり。でもねえ、うまい酒はついつい……。

「料理と酒の相性って大事だけど、料理にあわせて酒をこさえるのは本末転倒。この酒には生ガキがあうねって具合に、酒の個性ありきで進めていきたいんです」

佐藤は、いい酒がかならずしもいろんな料理にあうわけじゃないという。

「酒に懐の深さは必要だけど、料理人の顔色を窺って酒をこさえるのなんて、そんなの僕はイヤですね」

酔いのせいなのか、佐藤の怪気炎もなかなか堂に入ってくる。

「日本酒ブームなんていってるけど、僕らは本当に気をつけなきゃいけない」

佐藤は盃をおくと、目線を落としながら語りはじめた。

「焼酎ブーム、あれは何だったのか。僕らが学ぶことはたくさんあります」

「佐藤さんはどうとらえているの？」

「結論としては、焼酎メーカーがどれだけ酒に付加価値をつけることができたのかということなんです。農業との関係、文化性、伝統、伝承……残念だけど、焼酎は呑み手にこういう事々を伝えきれなかったですよね。芋なら芋、麦なら麦ならではのストーリー性や文化ではなく、酒を流行に乗ったモノとして売ってしまった」

佐藤の口ぶりは、焼酎を雄弁に指弾するというより、じっくり胸に染むものだった。

「ブームのあとに焼酎の文化を語る人、理解できた人がどれだけ残っていますか」

これぞ他山の石、日本酒も大いに参考としなければいけない。

業界紙『醸界タイムス』には、「本格焼酎は高い」というネガティブ評価があったと報道されていた。「森伊蔵」「魔王」「村尾」など焼酎人気を牽引したプレミア焼酎のイメージが定着したうえ、逆作用し「高価で手が出ない」「呑みたくても手に入らない」などの理由で、「焼酎を呑まなくなった」という消費者のマイナス行動が生じているという。

「日本酒もかなり危ないですよ。ブームだって浮かれているわけにいかない」

日本酒は岐路に立っていることを強く自覚すべきだ。

うまい酒にうまい肴、スパイスの効いた意見、いよいよ座が盛りあがってきたところで、佐藤がいきなり新政のボトルを抱きしめた。

「マスダさんがいったこと、僕は忘れちゃいませんからね」

彼はニタリと笑ってみせる。

ん？　ナンのこと――あっ、昔々の暴言をまだ覚えているのか。彼が蔵に戻った当初の酒に対する印象を、酔った私は無礼を顧みずに突きつけたことがあったのだ。

「甘ったるく酸っぱくてバランスが悪い。とても冷や酒（常温）や燗では呑めない」

それは、まだまだ新体制が整っておらず、普通酒もつくっていた頃の話だ。

「早くあったまらないかな。常温になんないかな。そしたらマスダさん、改めて僕らが心血を注いだ酒を呑んでください」

なんと、佐藤は四合瓶を胸に強く押しあてた。一心に、かわいいわが子を抱くような姿に圧倒され、私は絶句した。

「もう、大丈夫かな」佐藤はいそいそと酒を注いでくれた。

じっくりと酒を唎き、おもむろに呑みほす……私は、黙ってグラスを差しだす。

異端児を自認する改革者、こよなく酒を愛する佐藤の作品、絶品であった。

第二章　「若さ」について——誉池月（池月酒造／島根県）

スペックではなく味わいの深さを

人さし指で時刻表をなぞる。

「ひい、ふう、みい……上りが一日に四本、下りは五本か」

声は特大の入道雲をしたがえた青空に吸いこまれていく。

広島と島根をむすぶＪＲ三江線の口羽《くちば》駅には私しかいない。一日の乗降客は二、三人だという。三江線は二〇一八年四月一日をもっての廃線がきまった。

「しかも、ここから六キロあるっていうんだから」

目指す「池月酒造」はまだまだ遠い。思わず、広いおでこにハンカチをあてる。

だが、たどり着いた先には、うまい酒との愉しくうれしい出逢いが待っているはず。

いざ出発！　とふりかえれば、待合室の梔子色《くちなしいろ》した石州瓦《せきしゅうかわら》にとまっていたヤンマが、銀色の陽光を切りさくように翔んでいった。

目指す蔵は島根県邑智《おおち》郡邑南町《ぐんおおなんちょう》阿須那《あすな》にある。石見《いわみ》銀山を擁する中国山脈、邑南町は峰々の山肌を覆うような形で位置している。島根県内の町では最大の面積ながら、住民は一万一千人を切ったそうだ。

阿須那はそのもっとも山奥、広島との県境にほど近い。町を貫く江《ごう》の川《かわ》を渡る。とうとうコンビニは一軒もなかった。廃墟となった銀行のATMコーナーが痛々しい。やがて、逃げ水の向こうに神社や旅館をはじめ家々の連なりが揺らいでみえ、小さな宿場の様相を呈してきた。

窓と戸を開けはなった店の前に立つ。カウンターのうしろの棚には、色とりどりのラベルをまとった「誉池月《ほまれいけづき》」の四合瓶と一升瓶が並んでいる。

「酒類は現金で　お買ひ上げ願ひます」の古びたホーロー引きの看板が目だつ。いやはや、おっしゃるとおり。苦笑しつつ、奥に向かってごめんくださいと呼ばわる。

ひょろりと長身の若い男があらわれた。

よく日焼けしているが、精悍さよりも飄々とした印象が強い。どこか人を食ったようなところがあるけれど、人のよさそうなやさしい眼をしている。

杜氏で次代の蔵元でもある末田誠一だ。

「えっ口羽から……それは、それは遠いところをお疲れさまでした」

末田は風貌どおりに飄然とした口ぶりだった。気のよさそうな印象も深まる。

「これだけ僻地にある蔵はめずらしいんじゃないですか。でも僕はそれが弱点じゃなく池月酒造だけの強みだと思っています。田舎すぎて、かえっておもしろいでしょ」

あたりの沢にはオオサンショウウオが棲み、夜ともなればゲンジボタルの光の大乱舞がみられるという。末田に勧められ、冷えて汗をかいたグラスに手を伸ばす。

「誉池月の仕込み水です。天然の湧水、向かいの山の山頂で湧きでる石清水です」

くいっと水をあおった。ありがたや、生き返る。

実にやわらか、しかも甘みがあり軽々と喉をとおっていく。水は酒づくりの重要なファクターだ。洗う、浸ける、蒸す、酛（酒母）、醪と数々のシーンで欠かせない。伏流水に地下水、たまに水道というケースもあるけれど、蔵が水の価値を軽んじることは決してない。ちなみに酒の成分の八割は水といわれている。

「硬度〇・三っていう超軟水です。米の溶けるのがゆっくりしていて、酒づくりの経過も長めになります」

軟水は硬水に比べカルシウムとマグネシウムの含有量が少ない。邑南町は山国にあるから、雨水と雪どけ水は頂から江の川までささっと流れていく。地層に浸透する時間が短かいゆえに、地中のミネラル分を取り込む量も少なくなるのは道理だ。

「軟水で蒸した米はふっくらしています。料理につかうとカツオやコンブ、シイタケでいい出汁《だし》がとれるんです。野菜の煮物とかうまいですよ～」

急峻な山地が海に面した日本の地形は軟水を生みだす。池月酒造のみならず、この系統の水で仕込む蔵は多い。反対に硬水で名を馳せるのが兵庫の灘五郷、ストロングな辛口の酒で牙城を築いている。

「超軟水は、コーヒーやお茶をいれたら香りや酸味がとっても引き立つんです。僕の目指す酒にとってはありがたい性質です」

日本料理も軟水ゆえに出汁が活き、素材の滋味がにじみだす。

「超軟水と地元産の米の相性もよくて、米のうまみがいいかたちで酒に出てきます。だから、日本酒度がプラスで辛口のはずの酒でも舌には甘く感じてもらえます」

ここで講釈を――日本酒度とは糖分の測定値で、プラスの数字が高くなるほど「辛口」とされる。とはいえ、そもそも酒が含有する糖分はわずか二パーセントから四パーセントほどしかない。実験装置に耳かきの先ほどの少しの糖を加えるだけで、日本酒度計の目盛りはぐぐっとマイナス領域、つまり「甘口」へと突入する。もちろん、そんなもので味覚的な変化はおこらない。末田杜氏は鼻白んでみせた。

「マニアのかたは、とにかく数値にこだわりますよね」

「とんでもない！　そういう宗旨じゃないから」

私は手を団扇みたいに激しくふった。「酒屋万流」の旗印のもと、個性ゆたかでうまい酒を愛でたい。それが文化や本質を踏まえた蔵で醸されたのなら、なおさらけっこう。わが意を得たりと、ひとりで悦にいっている。これがマスダのスタイルだ。

「そういうほうが、僕もいいと思います」、若い杜氏は私を横眼にしてからつづけた。

「酒の風味って甘辛だけじゃなく酸味やうまみ、苦みに渋みと幅も深みもあります。特に酸味と甘辛の関係は微妙で、酸味が少ないほど甘みも強く感じるようになります」

ふむ、私はうなずきつつ黒地に白文字のラベル「超辛口純米八反錦《はったんにしき》」を手にとった。

「どれどれ、日本酒度はプラス十度、酸度が二度とある」

酸度は酒に含まれる酸の多寡を示す。末田の指摘どおり、日本酒度が同じなら、酸度の高い酒は刺激的かつタイト、辛口に感じられる。低ければゆるめの味わいとなり甘口に傾く。とはいえ、日本酒はそれほど単純にあらず。乳酸、コハク酸、リンゴ酸などいくつもの酸が含まれ複雑な組成で酸度を形成していると知っていただきたい。

ある清酒コンテストでは、参加した酒の平均が酸度一・七度だった。〝香・甘・酸・キレ〟がトレンドの昨今では、これくらいの酸度はノーマル領域といえよう。しかしながら、私が本格的に日本酒の世界へわけいった一九九〇年代初頭の頃、酸っぱさは雑味あつかいされていた。当時なら酸度二度の酒は邪道と罵られたかもしれない。

「日本酒度や酸度は参考データ、やっぱり誉池月はトータルに味わってほしいです」

「そう聞いたら、くいっとやってみたくなる。さっそく、こいつの封を切ろう」

酒に卑しい、もとい探求心旺盛なおっさんは仕込み水を呑みほしたグラスをかざす。

末田は首をすくめ窓の外をみやった。夏の陽が矢のように降りそそいでいる。

普通酒からの脱却

末田誠一は昭和五十六年（一九八一）生まれ、私が訪ねたとき三十四歳だった。

平成生まれの杜氏も出てきてはいるが、やはり末田は若手といってよかろう。加えて外見が若々しい。二十代といってもおかしくない。そんな彼だが働き者の奥さんがいて、三人の娘に恵まれている。蔵のまわりを麦藁帽にノースリーブ、水鉄砲を振りまわしながら駆ける姉妹の姿が、ほのぼのとしてかわいい。

「蔵に入ったのが二十三歳、杜氏は満二十八歳のとき平成22ＢＹからです」

ＢＹとは醸造年度（Brewery Year）のことで、日本酒の場合は七月一日から翌年の六月末日までをいう。22ＢＹなら平成二十二年から二十三年まで年をまたぐ。

明治二十九年（一八九六）から長らく十月一日を年度の初日としていたが（この日はいま「日本酒の日」になっている）、昭和四十年（一九六五）に国税庁が現行制度へ変更した。じゃ、なんで七月一日なのか――国税庁に問い合わせてみても、はかばかしい回答は得られなかった。若いお役人は申し訳なさそうにいったものだ。

「おそらく当時の酒造状況を鑑みて、このような決定をしたのだと思いますが、いまとなっては規定の詳細を明確に語れる者がおりません」

もう眼になじんだ、赤褐色の瓦で葺かれた蔵に入る。

酒を搾る槽《ふね》にびっくりした。深紅なのだ。しかもメーカー仕様ではなく（こんな派手な酒造機械、みたことない）明らかに素人がぬたくった形跡が色濃い。

「赤は僕のラッキーカラーなんです。醪がいい酒になるよう自分でぬりました」

いたずらをみつかった子どものように末田は頬を染めた。

彼は大学を出てすぐ、父が三代目当主の蔵に入った。

末田が学んだのは、三島文雄杜氏で当時すでに七十七歳、出雲流の酒づくりを修めた熟練職人だった。ただ高齢ゆえに、陣頭指揮はこの地方で「代司《だいし》」と呼ばれる、副杜氏格の蔵人がとっていた。末田は皆から「若」とか「誠一」と呼ばれた。

「普通酒が圧倒的な量で八割以上を占めていました。それどころか、21BYまで三増酒がメインだったんです。純米と大吟醸はあわせて年間にタンク二本ほどでした」

正確を期せば、池月酒造には「普通酒」とラベル記載した酒はなく「上撰」(旧一級)「佳撰」(旧二級)の名称だった。とはいえ酒税法上、これらはまぎれもない普通酒のカテゴリーに区分される。しかも純米の酒が一に対して醸造用アルコールや糖類など添加物を放り込んで三倍に増量する製法の三増酒だったのだ。


普通酒、ことに三増酒に見切りをつけるか否かは経営戦略の岐路となる。

その前に、地方の酒呑みの実態を紹介しておきたい。信州の蔵で取材した逸話だ。

「二〇一五年のことです、得意先の売り上げが二石もいっぺんに激減したんです」

この蔵元は、落ち度があったに違いないと戦々恐々の態で酒販店におもむいた。

「そうしたら、立て続けに村のお年寄りが二人亡くなったというんです。このかたがたは、一人で年間に普通酒を一石も呑んでくださってました」

一石は一升瓶で百本、一年はほぼ五十二週ある。村のじいさまたちは、週ごとに安価な普通酒の一升瓶二本を空にするペースだったわけだ。じいさまが、純米大吟醸を口にすることはほとんどなかっただろうし、それが口にあったかどうかもわからない。

反対に、都会のスタイリッシュな店に出没する日本酒女子は、普通酒ましてや三増酒を呑んだ経験などゼロに近いだろうし、呑むチャンスもあるまい。

ことの是非はさておき、じいさまたちが、毎夜の二合八勺ほどの安価な酒をこのうえもなく愉しんでいたと信じたい。日本酒はこういう人たちにも支えられているのだ。

そんな話をふると、末田は腕を組み真顔になった。

「むつかしいチョイスですよね。でも、僕は決心したんです」

池月酒造は杜氏、代司以下六人のうち末田以外は高齢者ばかり。

酒の消費は地元メインで過疎状況からみて自滅を待つだけ、邑智郡にあった十蔵のうち残っているのは池月酒造を含め三つという現状だった。

「でも代司はガンコでしてね。純米酒や大吟醸へのシフトを認めてくれません」

末田は、地元で愛される酒づくりが必要だと説教された。

「地元密着、それは僕も大賛成。だけど三増酒がメインだと、世の中の酒づくりから置いてきぼりをくっちゃいます。このままじゃ誉池月はなくなる。人を変え、つくりを変え酒を変えなきゃいけないと、僕も訴えました」

杜氏は二人のやりとりをじっときいていたが、どっちが正しいかのジャッジはくださなかった——ただ状況として、酒づくりもロクに知らない若造の主張はいかにも不利だった。ところが、末田は屈することなく徹底抗戦するのだ。

このひょろこい若者のどこから、そんな闘志が燃え立つというのか。

末田は、姉二人の末っ子と教えられ、やっぱりとうなずいてしまうような青年だ。

「はあ……よくそんな風にみられるんですが、実は僕、小学校時代から大学までソフトテニスをやっていて全国大会の常連でした。軟式テニスは阿須那の〝村技《そんぎ》〟です」

「ほんまかいな、そんなすごいアスリートだったの?」

末田のプレイスタイルは、まずじっくり守って相手の出方をみる。ここが攻め時と判断したら一変してアグレッシブにボールを打ちこむ。なかなかの試合巧者だった。

しかもソフトテニスはダブルスが中心、独りよがりだと勝利はおぼつかない。

「小学校から大学まで、どの世代でもキャプテンを拝命していました」

末田のモットーは絶対に上からの目線にならないこと。周囲の状況、個々の選手の性向などをじっくり見極め、彼らの立場になって部を率いた。

彼のソフトテニスにおけるあれこれは、そのまま酒づくりにも反映されている。

「ウチの蔵は麹をつくったあと、ちょっとした休憩タイムになるんです。そんなときは代司や蔵人たちと車座になって、毎日のように新しい酒づくりのことを訴えました」

しかし、末田が代司に対しムキになったことはない。

「だって代司は20BYの酒で全国新種鑑評会の金賞をとっています。やっぱり腕は確かなんです。代司から学んだことはたくさんありますし尊敬していました」

それでも代司は三増酒からのシフトを渋った。末田の現在の解釈はこうだ。

「金賞の酒はまったく売れませんでした。当時は三百八十石ほどの醸造量でしたが、蔵を支えているのは間違いなく三増酒だったんです」

地酒蔵が生き残れる分水嶺

ここで酒蔵の経営について考えてみよう。

三百八十石の蔵に、製造現場六人のスタッフでは数が多すぎる。安価な普通酒が八割を占めるとなれば売り上げは高望みできない。本来なら三人くらいで切り盛りしなければ黒字になるまい。醸造はもちろん、経理に営業や宣伝もこのなかで兼務するのだ。

ただ、三増酒は純米酒の三倍も量がつくれる。原料費で高くつく米代は抑えられよう。穿《うが》った見方をすれば、三増酒メインゆえに蔵が傾かなかったのかもしれない。

私が日本酒業界に興味を持った頃は、不振といえまだ全国に二千四百近い蔵があった。当時は地酒ブームもあり、各地に五千石クラスの蔵がまだまだ健在だった。

「目指すは六千石です。一万石は無理でも、このくらいはいきたい」

往時の〝若き〟蔵元たちの鼻息は荒かった。

だが、歳月の移り変わりとともに蔵経営のノウハウは激変している。もはや石数で覇を競う時代は終わった。

きちんと酒を醸しながら、五千石を維持する地酒蔵なんて珍しくなった。いまの時代、銘酒の誉をいただき一応は全国規模で売られている蔵の多くは二千石あたりだと思う。いや、これより小規模であっても、大きな名声と売り上げを得ている蔵は少なくない。そのための方策が脱普通酒だ。純米や吟醸へのシフトによる製造コストアップは価格に反映せざるをえない。それでも酒はファンの争奪戦になる。

一方、かつて醸造量を誇った〝地酒の大手〟の多くは苦境にあえいでいる。なんとならば、彼らは量とカネを追い求め、灘や伏見の大手の悪しきところばかりを踏襲して巨大化したからだ（あえて書くが、灘や伏見の大手メーカーには見習うべき点、立派な取り組みが多々あるし、酒造技術への貢献度も高い）。

ところが地酒の大手は、クラフトマンシップの優れたイメージだけ拝借し、実《じつ》のないまずい酒をこさえていたのだから没落もムベなるかな。

私が揶揄する〝地酒のツラした地方の大メーカー〟の実像がこれだ。

真剣に酒の在るべき姿を自問した小さな蔵は、自ら険しい道を歩んでいる。

まずは高品位な酒質、そのために改革を敢行し努力を積みかさねていった。卸や酒販店、飲食店の選別も重要だ。彼らは大事なシンパであり、販売拠点でもある。だが、浮気っぽいし良識や見識の点で首をかしげたくなる手合いも多い。蔵は礼を尽くしつつ、自信作の評価と売り方をきちんと主張すべし。時には義絶もやむなし。

うまい酒が安価なら、これに越したことはない。

だが、ハイクラスのものが安くできるというのは幻想でしかない。いい酒を醸すには原料からつくり、瓶詰め、配送まで手間がかかる。妥協を許さぬ蔵の酒には、卓越した技と気高い誇りが満ちている。そんな酒は相応の値で売られて当然ではないか。

呑み手は酒ファンにして蔵の後援者、文化事業に寄与する気概がほしい。

とはいえ、売れない作家のマスダマサフミは純米大吟醸なんて滅多に手を出さない。かといって〝コスパ〟なんて言葉は大嫌いだ。ならば、何をチョイスするのか?

ま、この話は別の稿に書きましょう。

地酒蔵がサバイバルする分水嶺は六百石あたりではないか。

ひと昔前なら、この石数だとちっちゃな蔵で片づけられていただろう。しかし、いまとなればミニマムながら、いい酒を醸す状況に転ずることが可能だ。この規模ならではのプレミア感のある、個性的な酒を打ち出すことだってできる。何人かの従業員も雇えるだろう。ただし、量は絶対に追ってはいけない。品質の向上あるのみ。

いつも思うことだが、蔵人にだってしあわせな生活を送る権利がある。

蔵元たるもの、子どもを大学に進学させられるくらいの給与は払ってやるべきだ。

それを実現させるには六万本相当の一升瓶を、一本いくらで売るかになる。さらに逆算すれば、それに値する酒を醸せるかどうか——蔵の実力こそが試されるわけだ。

若き蔵元の奮闘

ようよう陽が少しかたむいてきた。

若き杜氏にして遠からず蔵元となる末田誠一と阿須那をそぞろ歩く。ミヤマカラスアゲハだろうか、黒地にエメラルド、サファイアをちりばめたゴージャスな蝶がゆらゆらと先導してくれる。

「阿須那はかつて、牛馬の市がたってすごく繁栄していたんです」

蔵のすぐ近くに鎮座まします賀茂神社を訪なえば、立派な額に眼がいく。これが「板絵著色神馬図」で、永禄十二年（一五六九）の作と記され国の重要文化財に指定されている。

「黒と白の名馬がいますが、白いのが源頼朝の愛馬・池月です」

前のめりになった優駿は、いまにも額から飛び出してきそうだ。

葦毛に浮いた銭形の斑紋が優美、盛りあがった筋肉の勇ましさにほれぼれする。

池月は佐々木高綱に下賜され、宇治川の戦いで見事に敵陣へ一番乗りを果たした。

末田はぐいと胸をはって教えてくれた。

「池月はこの馬市で見いだされたといわれています。ほら、あのカヤの巨木につながれていたそうです」

池月は『平家物語』に生食《いけずき》とあり、この名作は美文で滔々と語る。

「生食といふ世一の馬には乗つつ、大綱どもの馬の足にかゝるをば、佩いた面影といふ太刀をぬいて、はつはつと打切り打切り、宇治川疾しといへども一文字にざつと渡いて思ふ所へ打上つて鐙をふんばり突立ち上つて」（句読点は増田）

池月の活躍、これぞ一騎当千。もっとも池月は「馬をも人をもあまり食うたれば」と書かれたくらいだから、馬ばかりか人にもがぶりと噛みつく荒ぶる馬だったようだ。

本殿に参拝後、枯れた風情ながら豪奢な神門に入って強い夕陽から逃れる。

末田は杜氏に就任するまでの経緯を語ってくれた。

「杜氏や代司だけじゃなくほかの蔵人も高齢や病気、けがを理由に次々に引退され、22BYのシーズンを目前にして蔵には僕しかいなくなっちゃいました」

それでも蔵元たる父は背中を押してくれた。三代目当主の幸雄《ゆきお》はいう。

「誠一は抜群の鼻と舌をもっていますからね。幼い頃から蔵で遊んで、つくりの現場のことも肌で知っています。きっといい仕事をしてくれると信じていました」

しかしスタッフがいないとは蔵の一大事。末田はこの急場をどうしのいだのか。

「ハローワークで酒蔵未経験の還暦の男性を紹介してもらったのと、島根大学で醸造を勉強した〝酒蔵インターン生〟の希望者がみつかったんです」

とはいえ、酒づくりを知っているのが末田だけという状況は変わらない。

彼は蔵で修業した日々に記したノートをひっくり返し、洗米から搾りまでのデータを分析した。もちろん、数年にわたって現場で培った技術の蓄積もある。

「結果としては僕が望んだ仕切り直し。まずは純米酒をベースに設定したんですが、ずっと普通酒ばかりやっていたから、すごく戸惑いました」

わからないことは正直に、時には恥をしのんで出雲流や石見流の杜氏に質問した。

「三島杜氏には毎日、電話していました。あと同じ島根県の若林酒造（『開春』）の山口竜馬杜氏にも何度かお世話になりました」

三島杜氏は代司と末田の論争のどちらにも与《くみ》しなかったが、末田の想いはちゃんと理解してくれていた。ほかの蔵の杜氏も存外にやさしく教えてくれたという。

「つくりが終わったら今度は営業です。税金を納めなきゃいけないし、次の醸造計画を練ったり、資金繰りだってこなさなきゃいけません」

若と呼ばれた末田誠一、二十代終盤での一大転機だった。

「こんな若造に何ができるっていわれても、反発なんか感じませんでした。だって、それどころじゃなかったですもん」

いまでも充分に若くみえる末田の、もっと若かった五年前を想像してみる。

私の視線に気づいた彼は、きまり悪そうに無精ひげの生えた顎をさすった。

「若さ」＝「稚さ」ゆえの力

私には、ことさら「若さ」を尊ぶ気持ちなどない。むしろ「苦手」というのが当たっている。それは、私がとはいえ愚弄したり侮蔑したりはしない。若かりし頃からのことだ。私はちっちゃな時分から早く大人になりたくて仕方なかった。ことに中高ジジむさい青春時代であった。なまじ西行法師なんぞにかぶれたせいもあって老成やら隠棲、遁世にあこがれたもの生時代が顕著で、なのだ。

若いというのは未熟だし見識が浅い。それが恥ずかしかった。

若さは無謀で生気にあふれ傍若無人、生意気だ。これが鬱陶《うっとう》しくてならなかった。

しかも、すべてに自分があてはまるという大矛盾！

昨今は若さ信仰のようなものが幅をきかせているので閉口してしまう。

テレビで活躍する女の脚本家が、新聞に「日本人が若さを尊重するのは、二十年に一回の伊勢遷宮のせい」「遷宮は若さ、新しさこそが大事だと日本人に植えつけた」と書いていた（ウロおぼえなので、誤解があればご容赦ください）。

この意見に強い違和感をおぼえ、ずっと気になっていた。

毎年、大信州の田中隆一社長の声がけで、松本の四柱神社・宮坂信廣《のぶひろ》宮司を先達にいただき伊勢神宮に参拝している。その際、宮司に確かめてみた。

「誤解ですね。式年遷宮は、永遠に変わらないお祭りが行われることに大きな意義があります。お社の建て替えをとおして、神への畏敬ばかりか日本の精神と技術を脈々と後世に伝えているんです。若さを礼賛するための行事じゃないですよ」

西欧や中国にあって、永遠とは一代の生命が長々と（それこそ永久に）続くことをいう。しかし、日本人の考える永遠とは親から子、孫……千代に八千代に精神や技術、習慣……つまり文化を長々とつなげていくことなのだ。

神宮徴古館には、遷宮のたびに撤下《てっか》された宝物や調度、衣装の数々が展示されている。いずれも当代の卓越した職人が、師や先輩がこさえたとおりに寸分違うことなくつくりあげたものばかり。彼らは誰にほめられ、マスコミから大々的に取り上げられるわけでもないが、千三百年の昔から伝承された魂と技を、黙々と粛々と現代によみがえらせ次代に伝えていく。新しいから、若いのがいいというのは曲解でしかない。

私は式年遷宮のバックボーンこそ、日本の酒づくりに活かすべきだと信じている
今回は、神宮で禰宜をつとめた渡邊和洋氏も顔を出されたので、日本人と「若さ」について意見を求めてみた。渡邊氏は言下にこう語ったのだった。

「若水、若宮……日本人がフレッシュなものに着目し、意義を見いだしているのは間違いありません。

でも、大事なのは『若』が本来は『稚』の意味合いだということです」

渡邊氏によれば「稚」とは混沌とした「まだ正体のわからない状態」「完成前の不安定な状況」をいうそうだ。元の神宮禰宜は具体的な例をあげてくれた。

「古事記の『国生み』では、伊耶那岐命《いざなぎのみこと》と伊耶那美命《いざなみのみこと》が天上の高天原《たかまがはら》から、天の沼矛《ぬほこ》で海をかきまわし、矛の先からしたたった滴がつもって島々ができたと記しています」

この海は「国稚《わか》く浮ける脂の如くして、くらげなす漂へる」、まさに「稚＝混沌」であった。だが、そこには天地創造のとてつもなく雄大なスケール、大きなパワーをともなう明るい予兆が感じられる。氏から卓見をご教示いただき、末田誠一や私が知る有意にして有為の若き蔵元と杜氏たちのことが思い浮かんだ――。

地元で愛されなければ意味がない

末田が酒づくりに携わった頃、三百八十石だった醸造量は28BYに五百五十石まで増加している。普通酒はあるが三増酒は消え、特定名称酒がメインとなった。

「年率二十パーセントくらいの伸びです。実働スタッフは僕を含め三・五人。島根大を出た沼田高志《たかし》君が正式に蔵人になってくれました。女房にも忙しいとき手伝ってもらっているから、その分は〇・五人ということで」

地元と島根県内、県外の販売比率は二対二対六。

ここのところ大都会でもファンが増えていることは、末田本人が自覚している。

「お取引いただく酒販店さんには、かならず蔵まできていただくんです」

ほう。あの鉄道で、あの道のりを。クルマでだって思いっきり長丁場だ。

「冬ともなれば軽く一メートル以上の積雪になりますから」

銘酒を求めて何千里、酒屋の熱意をはかるには、これにまさる方法はないだろう。

「有名な酒販店さんからもお声がけいただきましたが、いきなり五十ケースを確保しろっていわれ、お断りしました。だって毎年買ってくださる保証はないし、こんなことをしたら地元で呑んでいただく分が足らなくなってしまいます」

この酒屋、やたらめったら地方の小さな蔵にツバをつけて回っているらしい。ところが、島根の若駒からは後脚で思いっきり蹴飛ばされたわけで、さぞや痛かったろう。

三増の普通酒を買っていた地元の呑べエたちにも、新しい誉池月はことのほか評判がよく、毎日の晩酌に供されている。

「若がつくる酒、こりゃまげにうみゃあのう」

末田は地元での好評をこうとらえている。

「地元で愛され、消費されなけりゃ地酒の意味がありません。でも、もっと早くいまの態勢にシフトしてもよかったんじゃないかなと思います。だって、地元の人は三増の普通酒しかなかったから、仕方なく呑んでくださってたんじゃないかと思うんです」

池月にあやかった若駒の杜氏、まずは最初の難所を駆けぬけたようだ。

誉池月は毎年、平均して六十バージョンほどが醸され、生酛にも挑戦している。米は山田錦、五百万石、雄町、八反錦などに加え、島根県の酒米・佐《さ》香錦《かにしき》などを近郷の契約農家から仕入れる。邑南町の特産でハーブを肥料にし、減農薬のコシヒカリは純米酒に使う。蔵人の沼田も夏は米づくりに専念している。

いずれラインナップは定番に落ち着くだろうが、末田にやりたいことが多いのだから、どんどんチャレンジすればいい。これもまた「稚」ゆえの愉しさだ。

「基本は生のフレッシュな酒です」

島根や鳥取、中国地方の日本海側といえば「強力」「十字旭日」「辨天娘」「日置桜」「扶桑鶴」などなど名にしおう熟成系、燗をつけてうまい酒が思い浮かぶ。

「だからこそ、生のフレッシュな酒なんです！　みんなと同じコートに立ってもおもしろくない。誉池月ならではの個性を確立します」

蔵に残った酒は、三か月をメドに普通酒に混ぜてしまうというから徹底している。

「偉そうなことをいわせてもらいますが――燗をつけてもつくり手の想いがこもっていなければ冷たい酒になります。誉池月はフレッシュ路線、冷やして呑んでいただきたい酒ですが、僕たちつくり手の熱い想いがこもっています」

その意気、この発想、反骨心がいい。しかも彼は酒造業を伝統産業だといいきる。

「資金がないから高くて新しい機械は買えないけれど、僕らには出雲と石見の諸先輩から受け継いだ手づくりの技術があります。山奥のド田舎で最新設備なんて場違いじゃないですか。伝統を受け継ぎつつ、島根には珍しいフレッシュな酒で勝負します」

末田は幼いころからマイペース、わが道をいくタイプだった。

「ライバルなんて思いつかないですね。他人や周囲が何をしようと気になりません」

抜栓後に幅と深みが増す

お待ちかね、今宵の宴席は「いこいの村しまね」で催される。

温泉好きの正しき日本人の私は叫ぶ、その前にナニはなくとも風呂だ、風呂!

ここの展望風呂は標高五百四十メートル、天井高の大窓から於保知《おおち》盆地が一望できる。〝天空〟とはちといいすぎだが確かに絶景、気分はすこぶるゆったりした。

「池月酒造御一行様」——タオルを首にかけ、いそいそと宴会場へ。

ブルー、ブラウン、ホワイト、グリーン、ブラック……色とりどりのボトルにラベルをまとった誉池月が居並ぶ壮観ぶり、風呂からの景観にまさるとも劣らない。

フラッグシップの「山田錦の純米大吟醸」は、米を贅沢に磨いた酒独特の甘さと香りが一体化した濃醇な味わい。しばらく舌の上で転がすと甘・辛・酸・苦・渋の五味がふくらんでくる。「生酛純米生原酒山田錦」のオーソドックスな味わいもいい。うまみと辛さがいい具合でせめぎ合いながらスパッと切れる。

昼間、私がヨダレを垂らして所望した「超辛口純米酒八反錦」は、末田のいうとおりの逸品だ。ドライ一辺倒ではなく、上品な甘さと火入れしても主張を忘れぬ酸味のバランスが抜群、キレの良さもあってどんどん盃が進む。酔ったおっさんはわめいた。

「いずれも、まことにけっこう！　フレッシュな生酒らしい酸味と甘味が印象深い。だけど、ボディがしっかりしているからダレない。キレの良さもあって、まさに駿馬が駆けるが如くの爽快さだ」

宿が供する料理、これがまた満艦飾だった。焼き物に煮物に炒め物、小鍋……ごちそうが両手を広げた幅ほども並ぶ。

タイにケンサキイカ、イサキ、バイ貝の刺身は山国なのにえらく新鮮だ。刺身醤油はどろりと甘く、こういう島根ならではの際立った特色がうれしい。

カボチャ、シシトウ、トマトなどの夏野菜、胡麻味噌で和えた山ウド、太いワラビの青さが彩りを加える。小ぶりながらも石見和牛のステーキまで出た。まだある、エビにニギスの天ぷら……冬なら松葉ガニも添えられたことだろう。

「誉池月はどれにでもあう。酸味が脂を流すし、米の酒ならではのうまみが肉や魚に寄り添い、野菜のもつコクをひきたてる。あえかな苦みと渋みで舌が整う」

宴もお開きが近くなり、抜栓した生酒のボトルが林立した。

さてどうするか。思案していたら末田と眼があった。

「冷蔵庫で二日ほど寝かしてから呑んでください。フレッシュな味わいに代わって幅が広くて深いうまみの、まろやかな味わいになっているはずです」

ふむ、抜栓後に幅と深みが増すとは、これまたうれしい酒質だ。

「そうだ、忘れてました」、末田は持参のバッグから何やら取り出す。

「んんん？　カラムーチョじゃないの」

「この激辛スナックにもあうんです」。彼は例の飄々とした顔で袋をばりっと破った。

掟破りの常法無視、意外の度を超す非常識——でも、これぞ「稚＝混沌」ではないか。恐る恐る試してみたら、確かにけっこういけた。

ならば、エスニック料理にも誉池月はマッチするかも。

別れ際、すっかりできあがった私の前で末田誠一はいってのけた。

「まだまだ若いし焦ってはいません。じっくり確実に酒質をあげていき、気づけば銘酒といわれていたいです。期待して、応援してください」

光の粒をまき散らしたような星空に、誉池月のいななきがとどろいた。

第三章　燗酒の逆襲——丹澤山

（川西屋酒造店／神奈川県）

酵母より水で判断すべき

人をわかろうとするなら、いろんなヒントをたぐり寄せなきゃならない。

ファッション、本、音楽、映画、友人、つれあい、クルマ、家……なにを着て、どれが好きで、だれと付き合いくっついて、どんな住まいなのか。

酒も大事なとっかかりになりそうだ。

「日本酒が最高」と声を大にしたら、彼なり彼女はどう鑑定されるのだろう。

さらに「熟成したのを燗酒で！」と怪気炎をあげたら——。

そういう御仁としたたか呑んだ。

とことん燗酒を愉しんだ。なみなみならぬ燗酒への偏愛に快酔した。燗酒のおかげで、身体と心が芯からゆったりほぐれ、おもいのほか朗らかな夜となった。

へべれけになってベッドへたどり着いた。

朝、そっと薄眼をあけてみたら、不思議にきびしき宿酔の気配はなかった。

露木雅一《まさかず》は「川西屋酒造店」の四代目当主にして、酒づくりにも深くかかわっている。霊峰にして麗峰たる富士を背にいただく足柄山、その山裾の神奈川県足柄上郡山北町に蔵は建つ。創業は江戸時代までさかのぼるが、明治三十年（一八九七）にいまの屋号となった。

「酒匂川《さかわ》の東岸で精麦業を営んでいたのが、西岸へと越し酒造業に転じたので川西の名になりました」

露木の醸す酒には「丹澤山麗峰」や「隆《りゅう》」シリーズなどがあって、いずれも口うるさい日本酒ファンやらマニアの評価が高い。

だが、その味わいは決して難解でなく、素直に愉しめる逸品に仕上がっている。

露木の酒づくりは真摯そのもの、目配りも細部にわたっている。

「日本酒は酵母より水で判断しなきゃいけません。水にアルコールとエキスが溶けだすんですからね。水のタッチ、味わいこそが酒の本質を下支えするんです」

川西屋酒造店で使うのは丹沢山系水流の井戸水、中硬水で適度なミネラル分を含む。

「次に麹です、麹で酒質が決まるから、ここで手を抜いた日本酒は失格。米に麹菌が繁殖して麹になって、ようやくデンプンが糖になる、これはワインにおけるブドウの役割と同じです。ブドウを軽視するワイナリーがいたらおめにかかりたいですよ」

ちなみに酵母は「健康で発酵力が強い」「おだやかな香りが食事の邪魔をしない」という理由から、

主にきょうかい七号酵母を使用している。

山廃仕込みの酒はあるけれど、あくまで基本は速醸。ブームの観がある生酛へ安易にすり寄らないのも、露木という人物のプロファイルとなろう。

「冷酒」なんて論外の呑み方

そんな彼と肩をならべ酒を呑む。

小田原駅前にある露木が行きつけの寿司屋、定席だというカウンターの隅だ。

露木は一九五九年生まれだから、私よりひとつ上、互いにまだ人生を語らずとも、酒だけでなく来しかたの甘辛は嘗めてきたつもり。そういう二人であります。

「今夜は丹澤山麗峰、阿波産の山田錦を使った熟成純米酒です」

露木はさらさらとした髪を指先ではらった。巨軀までいかぬが恰幅はよい。黒みのまさった眼が底光りしている。ううむ、これは手ごわそう。

「もちろん燗酒でいきます。よろしいですね。肴は店のおやじにまかせましょう」

望むところだ。私とて夏でもたびたび燗酒をいただく。純米大吟醸だって冷蔵庫から引きずり出して燗をつけることがある。だが、露木はさらに痛烈だった。

「冷酒なんてゲスの呑み方です」

「…………」

「温かい酒には二つあります。燗酒とホット日本酒。きちんと熟成させ、バランスのいい風味で、肴や会話の邪魔をしない酒が燗酒。流行のインパクト勝負の酒なんて、あたためても温度があがるだけです」

「…………」

「まともな酒を醸せない蔵が多すぎます。微生物をコントロールしきれないから、濃い味に仕上がってしまう。おまけに、酒の欠点を隠すためバカみたいに香る酒にする。だから、冷やして呑むしか方法がなくなってしまうんです」

彼こそは筋金いりの燗酒原理主義者、ならば、とくと御説を拝聴いたしましょう。

「世の冷酒ブームには、最初からどこか違うぞっていう疑念がありました」

露木が家業の蔵に入ったのは二十七歳、バブル経済の兆しがそこかしこで実感できた。ほどなく地酒ブームがおこり、淡麗辛口や吟醸酒ブームへと続く。

ここで特記すべきなのは、露木がこういったムーブメントに敏感だったことだ。トレンドに棹さしたり、船をとめたり、彼ならではのさまざまな試行錯誤があった。

「若水という酒造好適米に出逢い、地元での栽培に乗りだしました。三増酒を廃して純米酒路線を模索したのもこの頃でした」

土地の水と米に地酒のアイデンティティを求める。混ぜ物だらけでベタッと甘いだけ、まずい三増酒を処断する——露木ばかりか新政や誉池月しかり。読者にすれば、同じことばかり書いていると呆れることだろう。だが、時間軸にご注目いただきたい。露木は一九八〇年代終盤、新政の佐藤がその二十年後、誉池月の末田も佐藤に数年遅れて改革に着手した。

彼らのみならず全国の有志たちが、タイムラグこそあれ立ちあがり、ようやく日本酒の改革が完遂されようとしている。それだけ、日本酒をめぐる環境には頑固かつ頑迷な面があると知らねばならない。しかし、想いはパワーとなる。山を動かすのだ。


露木は、ワイングラスで日本酒をという画期的な（!?）提案まで行った。

「現在の僕なら、何をいまさらと反問したいところですけどね」

彼はお恥ずかしいといわんばかりなのだが、私に揶揄《やゆ》の気持ちはおこらない。

ワイングラスで日本酒をおいしく、という発想はいまでも日本酒業界に生き残っている。こういうのも和魂洋才っていうのか……私はふんっと鼻を鳴らしてしまうのだが、露木の場合は苦肉の策、悪戦苦闘の足跡と受けとらねばならない。

「はびこる〝香吟醸《かおりぎんじょう》〟に対抗して〝味吟醸《あじぎんじょう》〟で勝負を仕掛けました。経営危機もあり必死でした。ワイングラスで酒をひらかせ、香りよりも味をアピールさせる戦術です」

吟醸酒の特性を活かすには、「ブルゴーニュのワインしかりで、バルーンタイプのグラスがいい」とのこと。蛇足ながら、彼の赤ワイン賞味法も堂にいっている。

「冷やしてうまい若いワインよりも、熟成して枯れたのを常温でデキャンタージュさせ、しっかりひらいてからいただきたいですね」

露木は一連のアクションから、彼いうところの「日本酒の本道」に気づく。

「うまい純米酒、これにつきます。米のふくらみ、うまみを実感できる酒。そのくせ、後味がよくスパッとキレる酒。呑みあきのしない、まろやかで心地よい酔いのつづく酒——そして純米酒の理想の呑みかたが燗酒なんです」

「冷や酒」と「冷酒」

日本酒は「冷や酒」「燗酒」「冷酒」のいずれかでいただく。

氷を入れたり水や炭酸で割るという手もあるけれど、私はそういうのを好まぬ。

水は、やわらぎ水として別に添えるのがよろしかろう。私は湯ざましを用意する。

冷や酒は部屋の片隅から一升瓶を引き寄せ、湯呑なんぞにとくとくと注ぎたい。

燗酒なら、いそいそと台所に立ち、徳利なり銚子を湯煎して頃合いを待つ。温度計があれば万全だが、私は味見チェックや小指つっこみ法で適温を判断する。

冷酒はボトルごと冷蔵庫に放り込む。あるいは、シャンパンや白ワインのように氷をぶちこんだソー・ア・ヴァン（バケツ）を使うのもいい。

ところが一升瓶ではそうはいかない。冷蔵庫なら四合瓶のほうが断然便利だ。

一升瓶というのは、でかい図体ゆえに哀れな立場においやられている。しかし、こいつは尺貫法の申し子、大事な文化なのだからぜひとも後世に伝えたい。

話を約《つづ》めてしまうが、冷蔵庫直行の必要のない、室温でもうまい酒を積極的にこさえてくれれば一升瓶には浮かぶ瀬があるというものだ。もっとも露木は力説した。

「ウチの酒はしっかり熟成させています。だから、ぜひ一升瓶を買ってください。直射日光が当たらなければ常温保管でOK。抜栓してから日をおいても大丈夫です」


冷や酒といえば冷酒と間違われるのがオチだ。

冷酒の台頭で常温、室温の酒としての冷や酒の認識は消滅しかけている。

長らく、酒は燗をつけるのが常識だった。江戸時代中期には、ちょいと一杯ひっかける店を「上《じょう》燗屋《かんや》」といったほど。冷や酒というのは、燗酒に対する相対的な温度差を意識して常温の酒をそう呼んだのだろう。

冷や酒はいずれ忘れ去られてしまうのか。いい酒は常温でもうまいのに。ぬるくたい冷や酒をちくとやる。これもまた、酒呑みだけが味わえるオツな風情なのだが。


二〇〇〇年あたりからこっち、飲食店では冷酒で供するのが一般的になった。

ゴージャスな香りと繊細なつくりの吟醸酒ブームの到来や生酒ブームが後を押した。確かに芸術品のような純米大吟醸が存在し、こういう酒は味を損ねぬため、蔵から酒販店、客にいたる流通での温度管理、フレッシュローテーションが重要になる。

しかし、そこに乗じた蔵があらわれた。味覚は温度が低くなるほど鈍くなってしまう。でも嗅覚はさほど影響を受けない。やつらはこれを利用した。香りは一人前だけど、麴の手抜きでイマイチな酒の激増だ。

キンと冷やした酒こそ、慎重に吟味せねばならない。


燗酒は冷酒シンドロームの余波をまともにくらってしまった。

三増酒を含む普通酒の退潮が、図らずも燗酒の足を引っぱったともいえよう。

この手の酒は燗をつけるか冷やで呑むのが一般的だった。三増酒が消え、燗をつけるシーンまで減少するという皮肉……。飲食店の不見識、努力不足も指摘したい。きちんとした料理屋には「お燗番」と呼ばれる、燗酒のスペシャリストがいたものだ。ところが人材の払底ばかりか、日本酒の本質を知ろうとしない飲み屋は易きに傾いた。

酒は冷蔵庫に入れておけ、面倒な燗つけなどやめてしまえ。

怠慢な飲食店、燗酒のうまさを知らぬ客が演じる、リアルで情けない悲劇だ。

燗酒はおとなの愉しみ

寿司屋のマスター、おそらく還暦くらいのオヤジが丹澤山の徳利をおく。

二合徳利、しかも一人に一本というのは、あとから思えば、奥深き燗酒ワールドの先兵としてふさわしい演出であった。徳利のハート形した口からは湯気がたっている。露木は静かにいった。

「うまい純米酒の燗酒は六十度くらいまであげてください」

「おお、飛び切り燗より温めるんですね、かなり熱めだ」

飛び切り燗は五十五度あたりの温度をいう。ここから一段、五度下がれば「熱燗《あつかん》」、以下五度前後きざみに「上燗」「ぬる燗」「人肌燗《ひとはだかん》」ときて三十二度ほどで「日向燗《ひなたかん》」となる。

酷暑の昨今、エアコンのきかない部屋に一升瓶を放置しておいたら、自ずと日向燗くらいになるだろうが、火にかけない場合はあくまで冷や酒（常温）と認識したい。

自慢めくけれど——前作『うまい日本酒はどこにある？』に功績（？）があるとすれば、燗酒の温度帯によって呼び名が異なるという、うるわしき日本酒文化を紹介でき、それなりに認知していただけたことだ。

冷や酒から冷酒にしていくと、十五度前後の「涼冷《すずび》え」、十度の「花冷え」、五度で「雪冷え」とつづく。かような日本人の優雅な感性、美意識こそ長く伝えていきたい。

唇にあたる部分がちょっと厚めの猪口へ、六十度に燗した丹澤山を注ぐ。

湯気とともに鼻先をくすぐるのが、タンクで二年熟成させた、香ばしさとブーケが抱きあったような上立香。このかぐわしさ、上質のシェリーが対抗馬になろう。口に含めば円熟した甘さを先導役に五味がふくよかに広がっていく。

そのくせ、後味がまったくクドくない。あっさり、サラリの味わいに驚かされる。

「香って甘くて酸っぱいっていう人気の酒は、インパクト勝負、一発勝負の酒。僕が醸すのは、そういうのとは正反対の酒です。しみじみ、のんびりと愉しんでほしい。最初の呑み口はお出汁《だし》のごとく。盃がすすむにつれ白湯のように変わっていく。この酒は絶対に呑み飽きしません」

オヤジは心得顔で肴を出してくれた。シメ鯖、私の大好物だ。オヤジがいう。

「肉厚で脂がのった、相模湾でとれたてのサバを軽く酢でシメました」

サバの身はトキ色をベースにうっすらとした緑、青、黄が虹のようにラインとなり光っている。そこへ、細かく刻んだあさつきを山盛りにし身ごと隠してしまう。お手塩で、和がらしを濃口のたまり醤油に溶き、どばっとかける。

サバの滋味には文句のつけどころがない。あさつきと醤油の異なる香味がかぶさって脂と魚のにおいを中和する。酢の酸味と醤油の鹹《から》さが出逢ったところへ、鼻の奥をつく和がらしの痛烈な一撃！

これはうまい。


「さ、丹澤山で調子を整えてください」

うなずきながら徳利を傾ける。少し温度が下がってきて、その頃合いが妙にいい。

「燗酒は温度変化を愉しむには最高の呑み方です。最初の温度をキープする必要なんてありません。ちゃんと醸した純米酒の燗酒は、何度になっても、やわらかさとふくらみを失いませんからね」

講釈を聴きながら手酌で徳利を傾け、肴に箸を伸ばす。ありゃ、早くも空になった。

「二合徳利で二本追加！　肴もあれこれ、おまかせします」、露木が注文してくれた。

「燗酒の理想的なシチュエーションは、正月の箱根駅伝です。正月二日、こたつに入って、元旦の残ったおせち料理をつまみつつ丹澤山をやる。大手町から箱根山頂までのレースをみながら、ちびり、ちびりと自分のペースで酒を呑む。眠くなったら、うたた寝もいい。途中でチャンネルを変えるのもいい。ゆっくりいきましょう」

いっておくが丹澤山はだらりと緩んだ酒ではない。音楽ならオールマン・ブラザーズバンドの名盤『フィルモア・イースト』よろしく、長尺の演奏のそこかしこに卓越したテクニックが光り、静かなる緊張感が漂う。だからこそ、ゆったり呑めるのだ。

いみじくも露木は燗酒を「三十五歳からの酒」「大人の愉しみ」といった。

アチチ、徳利の首をつかみながら私は肯う。思えば日本酒、それも燗酒に強い親近感を覚えたのは、そんな年頃だった。温泉につかれば、思わず眼を閉じプハッと息をはく。マッサージの心地よさに高いびきをかき、幼いわが子の寝顔をみて一日の労苦を忘れる……そんなこんなを実感したとき燗酒が大好きになった。私はつぶやく。

「燗酒って、がんばっている大人の肩をやさしく抱いてくれますよね」

露木は盃を口もとへ運びかけていた手をとめ、にっこりと笑ってくれた。

大ヤカンの熱燗のうまさ

カウンターにはいつしか徳利の林ができた。

「ひとり一升なんて毎度のこと、丹澤山の真骨頂はここからです」

確かに、酒ばかりかツマミもかなり腹に納めているのに、胃がもたれないし胸苦しくない。まだ呑めそうだ。なにより特筆すべきは酔い心地のよさ。

ぽうっと身がほてり、心に刺さったトゲがちょっとは取れたような。

「肝臓でアルコールが代謝されるのは、体内温度の三十七度あたり、熱燗からゆっくり温度がさがっていく、下り燗はちょうどそんな温度です」

流行している冷酒は十度以下。体内温度に上昇するまでえらく時間がかかる。

「冷酒をクイクイいってもしばらく酔いません。一方、燗酒はすぐ酔い心地になれます。でも、燗酒は吸収こそ早いけれど、アルコール分解も同時に進行するのでだらだらといける。肝臓にやさしい呑み方なんです。冷酒は、体内に貯まった酒が一気に代謝されるから、酔いが急でダメージがひどい」

「ハハハ、これぞ新説、露木理論ですね」

プロフェッサー露木によれば「冷酒で酔った人は真っ青になって苦しげに突っ伏」してしまうが、燗酒での酔態はまったく違う。

「顔に赤みがさし、大の字になり、実にしあわせそうな表情で眠ります」

燗酒といえば、忘れられない一夜がある。

札幌で映画『ロードオブザリング／王の帰還』を観た翌朝、倶知安《くっちあん》に向かった。暦のうえでは初春といえ道は凍り、片道二時間以上かかったと記憶している。

極寒の地で送電線や鉄塔、電柱の保守、点検をする電力マンたちの取材だった。

蝦夷富士こと羊蹄山の銀嶺を遠望する倶知安は一メートルを超す雪に埋まっている。気温は日中でもマイナス十五度であった。北海道電力のスタッフは白い歯をみせた。

「今日は陽があるからあったかい。雪も平年の半分しか積もってないんですよ」

キャタピラ装備の雪上車に同乗し、彼らが黙々と一切の手抜きなしに働く様子を目の当たりにした。たとえ猛吹雪でも仕事を怠らない。高所で高圧線を扱う作業は常に危険と背中あわせ、熊が出没する山に踏み入るときはハンター同行だという。

「きっちり仕事をこなすのは当然のこと。僕らはそれを先輩の背中をみて学びました」

この姿勢は、誇り高く堅実、奇を衒《てら》わぬ日本人の職人気質をシンボライズしている。

その夜、彼らのたまり場の居酒屋で呑んだ。極寒の地だけに、酒は熱燗が不文律だ。

驚いたことに、一升瓶から大ヤカンにどぼどぼと酒を注ぎ、赤々と薪の炎が揺れるダルマストーブにかける。酒は松竹梅の上撰、普通酒であった。

やがてヤカンがチンチンと音をたて、蓋も小さく揺れる。

「今日もお疲れさまでした、かんぱ〜い！」

皆それぞれに小ぶりの湯飲みやコップを掲げる。ふーふーしないと呑めない熱さ。だが、啜った燗酒のうまかったこと！　酒のグレードや銘柄、材料、つくり手はもちろん知識に薀蓄《うんちく》、経験、感性がきて最後は偏見……うまい、まずいを左右する基準がさまざまだが、そこには呑むシチュエーションと相手を加えておきたい。

料理は鮭の氷頭なますにルイベ、野菜と甘味噌にバターが香るチャンチャン焼き、毛ガニの塩茹で。

最後はコマイの干物をあぶる。ベテランスタッフがいった。

「呑ミュニケーションが大事なんです。仕事のノウハウだけじゃなく、電力マンの心構えっていうんですか、そういったことを若い人に伝えていきます」

早くも顔を染めた新人が先輩をつかまえ、碍子《がいし》がどう、クランプの破損がこうと身振り手振りで話している。先輩はうなずきつつ、次の一升瓶をヤカンにあけた。

燗酒をこよなく愛する

寿司屋の客はあらかた帰った。

そろそろ看板だろう。二人で二升ちかくも呑んでしまった。でも、もうちょっと燗酒がほしい。

私がラストオーダーをしたら、露木は居住まいを正した。

「最後に、これだけはいわせてください。名杜氏というべき、腕も人柄も一流の人物が激減して蔵元杜氏や社員杜氏が増えました。杜氏がサラリーマン化し、職人なんて呼べたシロモノじゃなくなった。若い蔵元がこんなジジイと心中したくないと思うのは当然です」

だが露木は返す刀で若手の蔵元、杜氏たちを斬って捨てた。

「酒づくりだけでなく、人生経験も浅い蔵元や杜氏が幅をきかせたことで、日本酒の伝統が歪んでしまいました。彼らは平気でリセットしちゃうから、ホンモノが伝承していかない。しかも、彼らのことを同世代の酒屋や飲み屋が応援するでしょ。連中は本来の王道を知らないまま、グルになって、でたらめな日本酒文化をまき散らしている。細っこい幹に枝ばかり派手に生い茂っているのがいまの日本酒業界です」

箴言、諫言、苦言……若手にはおもしろくもなかろうが、ここは謙虚に耳を傾けてほしい。そして、若者の範となれない大人も、その非を猛反省しなければいけない。

「渋谷じゃウチの酒は売れませんね。だってあそこには〝今〟しか存在しないから。あそこに渦巻くのはマネーであって文化じゃない。あと化学調味料を使う店の料理は、この酒に合いません。きちんとお出汁をとる店じゃないとダメなんです」

丹澤山を愛する飲食店は神楽坂や浅草、谷根千、四谷荒木町、銀座に多いという。

なんだか妙に納得できてしまって、酔った私は哄笑した。

さて、燗酒をこよなく愛する人物の横顔、少しはご理解いただけただろうか。

癖があるのは否めない。だが、これほど日本酒を愛し、現状を憂う真情をみすごすことはできまい。

露木は「ある程度、冷酒も認めてます」というものの、辛辣だった……しかし、日本酒はとっても度量がひろい。一献を交わせば、かならず互いの胸襟はひらかれよう。

第四章　地酒という生きかた——蓬莱泉（関谷醸造／愛知県）

石橋を叩いても渡らぬ三河人

箸をあてると、見た目どおりに、かりかりした感触がつたわる。ところが、ほんの少し力をいれたら、炭火の焦げ目のついた皮がさくりと割れ、ほくほくの白い身がのぞいた。山あいの、しもた屋風の庶民的な店ながら客が絶えない。

「江戸前に上方風、鰻の料理法は数多いけれど、僕は地元のこんがり焼きが好きです」

鰻重を前にして語るのは関谷健、三河の地酒「蓬莱泉《ほうらいせん》」を醸す「関谷醸造」の社長だ。

いただきます、合掌して一礼、一拍を打ち、ごちそうをほおばる。

素朴をほめ言葉にしたくなる味わい、こってり濃艶な脂っこさとは違って、山菜のような鄙《ひな》びた野味、ほどよく引き締まった噛み心地がいい。粒が揃い、つやつやと光るご飯に鰻、タレの味が絡む。

二人は顔を見合わせ、喜色満面でうなずきあう。

小さなグラスに入った酒は、蓬莱泉のフラッグシップ「空《くう》」だ。

妻の実家が三河で（余談だが——私のもっとも苦手とする女は妻だ）、岳父は日本酒好きの婿のため、帰省のたびに「空」や「美《び》」を用意してくれる。蓬莱泉のラインナップで上位に位置する純米大吟醸、空は限定予約販売、美とて名うての酒屋へ足を運ばねばならぬ。妻は怖いが、岳父の心くばりはとってもありがたい。

岳父が蓬莱泉を出すときのちょっと誇らしげな表情ときたら――どうだ三河の自慢の酒、全国を呑み歩いてもこれほどの逸品はあるまい？　そう、顔に書いてある。

蓬莱泉は、米の酒の醍醐味というべき甘みが印象深い。砂糖や甘味料のそれではなく、やさしく品のある甘さが広がる。その裏で酸と苦渋が絡んでまとまり、きれいにキレる。果実系の香りが川魚の泥くささをカバー、タレに芳醇な酒の風味がマッチした。

これから蔵を案内してもらうので、一献でこらえておく。関谷がいった。

「『空』は毎年のように完売、翌年のつくりの分まで予約をいただいています」

蓬莱泉の本社は愛知県北設楽《したら》郡設楽町田口字町浦にある。

豊橋からクルマで一時間半、名古屋だと二時間ときけば怖気づいてしまいそうだが、山間の快適なドライブコースだった。私は東海道新幹線の豊橋から飯田線に乗り換え、大海駅で下車、むかえにきてくれた関谷のスバル・レヴォーグの助手席に座った。

道中で何度か、蓬莱泉の巨大な酒瓶の立体看板とであう。怖い妻がいっていたが、これは地元民にとっては見慣れたオブジェらしい。酒好きなら、気が気でなかろう。

「田口の郷は僕が小学生の頃はまだ盛況で、何軒かの宿屋が並んでいました」

かつて田口は伊那街道の中継基地だった。一九六五年に廃線となったものの、豊橋鉄道田口線と田口森林鉄道本谷線の起点駅があった。広大な御料林を控え、二十以上の製材所が並んだ林業の隆盛ぶり、遊郭や置屋をはじめ歓楽街が存在したことも語り草だ。

「僕は七代目です。歴代当主は村長や町長だったり、田口銀行の頭取をつとめています」

創業は一八六四年というから元治元年、いよいよ大政奉還も近い。以来、田口の名士たる関谷の祖先たちはどんな酒を醸し、どう蔵を切り盛りしていたのだろう。

「三河人の代表は家康、石橋を叩いても渡らないんです。ウチの蔵も、じわじわ、じっくり業績を積みかさね、気づけばここまで来ていたという感じです」

一九七一年生まれの七代目はちょっと首をすくめてみせた。

「機械化」で悪しき臭いを抑える

蓬莱泉の仕込み水は、本社蔵の背後にある山の頂近くから湧き出ている。

海抜五百メートル近い水源地へ連れていってもらった。折れ枝をひろってブヨを払い、デニムの裾に吸いつくヒルを引きちぎりながらの道ゆき、ちょっとした探検気分だ。

「ニホンカモシカやイノシシ、シカにでくわすこともあります」

全国区の知名度を誇るある地酒蔵は、近くまで水を汲みにくるそうだ。しかし、水源地は蓬莱泉の持ち山にあるから、その蔵はもっと海抜の低い土地で水を手にいれる。

「硬度〇《ゼロ》、ミネラル分を含まない軟水、これが蓬莱泉の味を決定づけていると思います」

だが軟水は手強い。米を溶かしすぎるとアルコール度数がアップしないし、溶かすのをセーブしたら味わいに奥行きと幅が生まれない。

「毎回、米をどこまで溶かすか、勝負する気持ちで臨んでいます」

甘さのインプレッションが強い酒は、そこにだけ留意してしまうと、ダレてもたつく。酸味や鹹味《かんみ》（塩からさ）、苦と渋のバランスが極端になれば、ぺったんこの薄っぺらな風味になる。これらは、甘さがまさる酒の最大の弱点でもあるのだ。

「蓬莱泉は、杜氏の独自の経験とレシピだけで醸す酒とは一線を画しています。味のスタンダードは、蔵元の僕や酒造現場のスタッフだけでなく、営業や事務系社員も共有しているんです。どういうコンセプトで酒を醸すか、それを蔵元から販売コーナーのレジ打ち担当まで、全員が理解しているのが蓬莱泉の最大の強みです」

関谷健はスリムな体型だが、決して華奢ではない。天然だろう、くるくるとカールのかかったヘアスタイルやデニムにポロシャツという、ラフなファッションが緩衝材になっているけれど、よくよく観察すれば精悍で敏捷な狩猟犬というイメージの男だ。

「こんなのできちゃいましたっていう酒は蓬莱泉ではありえません。高い再現性をもって、三河のファンの皆さんが求める地酒を提供しています」

関谷の自信とプライドに貫かれたひと吼えは、私の腹の底にまでひびいた。

蓬莱泉は「本社蔵」と、本社からクルマで三十分くらい、足助《あすけ》街道沿いにある「ほうらいせん吟醸工房」の二蔵体制をとっている。足助街道は香嵐渓《こうらんけい》という景勝地に通じる幹線道路で、三河ばかりか名古屋圏からの観光客が多い。怖い妻も「遠足といえば香嵐渓」だったそうだ。

二つの蔵の醸造量の比率は本社が九対吟醸工房の一くらい。いずれの蔵も清潔そのもので、ピカピカの新鋭機器が揃っている。腕ぐみして見入る私を横眼にし、関谷はニヤリと笑ってみせた。

「コンピューターで酒をつくっているといわれたら、そのとおりですと答えています」

蔵の近代化は、歴代の当主にとって重大なテーマだった。それは、いかに品質を落とさず、効率よく再現性の高い酒を醸すかというテーマにも直結している。

「父と私の二代で、麹から酛、つくりまで仕込みの多くの工程を機械化しました」

麹づくりを例にとると、機械を使うことで、人の汗や皮脂の混入を防止することができる。衛生環境の整備という面で、麹室に人の出入りがないことはメリットだという。

「機械化で細菌酸度が下がり、オフフレーバーの発生を抑えられるようになりました」


オフフレーバー＝好ましからぬ香り、という言葉は西洋の酒の世界からきた。訳せば「欠陥臭」とか「異臭」「変質臭」「悪変臭」になるから、こっちのほうがことの重大さが、ミもフタもなく伝わってきそうだ。オフフレーバーは、原材料や微生物の活動による化学変化、外から余計な物質や微生物が混入することなどで生まれる。

日本酒の主な欠陥臭を列記すると――まずは読んで字の如しの老香《ひねか》。これには明確な定義がない（！）。だけど、熟成酒や古酒から香るカラメルやナッツ、シェリー酒、紹興酒の匂いに似てはいる。とはいえ、紙一重で「アウト！」の悪臭だ。

香水にも上品と下品があると述べたら、「人によって感じ方が違うだろ」といわれそうだが、明白に下卑た香りが実在するのも事実、そのニュアンスを汲んでいただきたい。

カビ臭は言語道断にいただけない。セメダインっぽい酢酸エチル臭、発酵バターやヨーグルトにちょいと似たジアセチル臭もオフフレーバー。私はセメダイン臭がしたら、たちまち憤怒の表情になるが、甘く重いジアセチル系には笑顔でいられる。

4－ビニルグアイアコール（4VG）は、燻製っぽいスモーキーな欠陥臭で、ビールやウイスキーではむしろ好まれている。だが吟醸系の酒にこれが混じるとよろしくない。

4VGは麴づくりの際に、人の皮脂や汗が要因となって、米のフェルラ酸が変化する物質だという。だから、最近では麴室に入るのも帽子にメガネにマスク、長袖の上着、手袋という厳重装備で臨む蔵があらわれた。

デブで不細工なおっさんの脇汗が麴に混じる様子は想像もしたくないが、そこまで厳重警戒されると、手袋装着で握った寿司を連想してしまう。のは、私だけか……。

閑話休題。関谷によれば、機械化の積極的導入による労務管理面でのメリットも大きい。たとえば、夜中に行うこともある、麴の手入れ、積み替えの作業をはじめ時間外労働が皆無になった。蔵に寝泊まりしての酒づくりというのも全廃されている。

「ブラック企業じゃ若い人がきてくれません。でも、かといって蔵人の経験と技を無視するわけじゃないんです」関谷は威儀を正して力説した。

「機械を管理するのは人間にほかなりません。機械が、人間の英知を超えたところで、酒づくりを左右しているわけじゃないんです」

蓬莱泉ではすべてを機械まかせにせず、発酵の進み具合ひとつにしてもスタッフが慎重に経過を観察する。その際には五感をフル稼働させるし、経験値がモノをいう。搾りだって機械一辺倒ではなく、袋どりというクラシックな技を使うことがある。

こういった、伝統にのっとった酒づくりのノウハウは、吟醸工房で取り入れられ、蔵人の血肉となるわけだ。余談ながら、吟醸工房での酒づくり体験は一般にも開放され、多くの企業が社員研修に使っている。

「蓬莱泉で酒づくりを学んだ蔵人は、ほかの蔵でもちゃんと酒を醸せるはずです」

自社の酒を自社のスタッフが売る

蓬莱泉、三河と呪文のように重ねて書いてきたのには、大きな理由がある。

それは、この蔵が地酒の定義を再考する、とてもいいヒントになるからだ。

「売り上げの地域別のシェアは三河地区が五十パーセント、尾張地区で四十パーセント。東京は一パーセントくらいしかないんです」

関谷は、私が知っている蔵元のなかでも抜きんでて数字に明るい。足し算、引き算すら間々ミスをする私にとっては、少々まぶしい人物ではある。関谷は東京農大出身だが、もともと理数系の教科が強く、一時はそっちの学問を修めようと考えていたそうだ。

「祖父の代から毎年、着実に売り上げ、醸造量ともアップさせ二千石を上乗せしました。祖父、父、僕と毎年三から五パーセントずつ伸長した結果です。例外的に成績が停滞したのは、リーマンショックの年だけでした」

一九七〇年代半ばから、ずっと坂道を転がり続けていた日本酒業界において、蓬莱泉はまことに稀有な存在といえよう。

「いま、地酒蔵の六割近くは欠損計上しているはずです。家賃収入やコンビニ経営など、醸造以外の副業の収入でなんとか存続させている蔵は多いですよ」

蓬莱泉の三河密着ぶりを象徴するのが、本社と吟醸工房に併設された直販所だ。駐車場は週末ともなれば終日満車になる。ナンバーは三河、名古屋、豊橋、岡崎、春日井、浜松、静岡、沼津。東京や横浜、川崎、京都、福井、松本もあった。

「スタッフには、ディズニーランドのつもりでやってくださいと話しています。いろんな酒を選ぶ愉しさはもちろん、直販所だけの限定バージョンを用意していますし、吟醸工房ではタイミングさえよければは、ガラス越しに醸造の様子も見学できます。小さな店だけど、ここは日本酒のエンターテインメントスペースです」

家族連れも多い。直販所では量り売りをやっていて、小さなタンクから清酒がとくとく瓶に注がれる様子を、小さな子どもが食いいるようにみつめていたのが印象に残った。

蓬莱泉のラインナップの割合は、純米吟醸が三、純米の四、あとは「普通酒扱い」だという。もっとも、この蔵の〝普通酒〟は吟醸づくり、醸造用アルコールの代わりに自社蒸溜の米焼酎を加える手のこんだ製法ながら、法律の規定では普通酒に区分される。

アイテムのバラエティは実に豊富、「美《び》」や「和《わ》」「可。《べし》」「人生感意氣《じんせいいきにかんず》」「明眸《めいぼう》」、山廃純米の「醁《ろく》」などなどユニークな銘柄やラベルの酒が並ぶ。私は大胆にも、ほとんどの銘柄を唎き酒させてもらった。

いずれも蓬莱泉らしい品よい甘さがリードしつつ、それぞれに特徴があって好ましい。燗にしたいな、キリッと冷すといいだろうとつぶやきつつ、しあわせな時を味わった。

美、摩訶《まか》、人生感意氣といったところが私のベストチョイスとなろうか。

「いずれ五千石も達成できそうです。だけど、それ以上の増石は考えていません。身の丈、身の程を知らぬ経営は、蓬莱泉の当主にとってもっとも忌むべきことです」

関谷は笑ってみせる。

「ほら、三河人は石橋を叩いても渡らないっていったのが、よくわかるでしょ」

蓬莱泉は愛知県全体で、もはや四番目の醸造量を誇る蔵となった。だが、関谷は徹底して地酒というアイデンティティを守るつもりでいる。

「量の比率でいくと、蔵の直販所が二十五パーセント、千石に相当します。問屋、卸で三十パーセント。あとは酒販店との直取引、その他ですね」

関谷は直販所の存在をことのほか重視している。

「自社の酒を自社のスタッフが売るというスタイルが、愛社精神を養ってくれます。もちろん、心をこめて売らせていただきます。その対応が、リピーターを呼び新しいお客さんを生みます。本社蔵の直販所は八坪ほどですが、ここでの実績が酒販店や卸に媚びない経営、もっというと東京マーケットに左右されない蓬莱泉らしさ、三河に密着した地酒蔵としての姿勢の確立につながっています」

わざわざ蔵まで足をのばす手間ひま感、酒に精通したスタッフがいる安心感、一般店で手に入らない直販限定商品の希少感、直販所の周りの自然や香嵐渓といった景勝地のエンタメ感……ここには、デパートの酒販コーナーや酒屋にないわくわくがある。

「ホント、田舎の蔵でよかったです」

父祖の遺訓として「卸一社あたりの扱い金額を全売り上げの一割以上にするな」もあるという。取引高が増すと、卸は「プライベートブランドをこさえろ」「値引しろ」などとうるさく口出しをしてくるからだ。当代の蔵元はいたってクールに遺訓を遵守している。

「問屋が倒産しても浅い傷ですむという配慮もあるんでしょうね。事実、以前には愛知県の大手問屋がつぶれたこともありますが、ウチの被害はそれほどでもありませんでした。それに、代々こういう付き合いをしているから、蓬莱泉は値引きしない、リベートをくれないと知れ渡ってすごく商売がしやすいです」

かつて、一ケースを売ってやるから、サービスとして別にもう一ケースよこせ、と問屋が無茶をいい、蔵も泣く泣くそれに従っていた時代があった。日本酒業界は（いまも）決して、清くて涼やかな世界ばかりではないことを、私たちは肝に銘じておくべきだ。

さらに、さらに。純米大吟醸「空」が限定のつく予約販売だということも特記したい。

「祖父は未納税（桶売り）の取引を撤廃、父が高級路線を整えてくれました。その流れの中で、二〇〇六年あたりから、季節商品を軸にプレミア感あふれる商品を出すようにしたんです」

蓬萊泉には五万人を超す顧客データがあり、彼らに向け、いまはおもにDMで季節商品の情報を提供する。「昔は祖母が、一枚いちまい手書きで出していました」というから、この蔵はかなり早くから顧客管理に重きをおいていたことがわかる。

「地酒はミクロ経済。お客さま一人が、年間に何本買ってくださるかの勝負なんです。蓬萊泉の発想はシンプルで、ならば、なるべくたくさん買ってもらおう、対面で直接販売しよう、そういうお客さまをなるべくたくさんつくろうってことですね」

「空」の告知を出すと、待ってましたと注文が殺到、あっという間にその年の醸造分が売り切れる。客の大半は配送なんてもどかしいと、直販所までクルマを飛ばしてくる。

「蓬萊泉の酒は正直な酒だと思っています。僕は東京農大で習った、教科書どおりのつくりでまじめにやっています。それは、いい原材料を使って最後まで手を抜かずに、一生懸命つくるってことです。この姿勢は機械化されても不変です」

こう関谷はちょっと間をおいてから、ぼそりとつづけた。

「そんな酒づくりをやらない蔵もあるから、蓬萊泉の存在価値があるのかもしれません」

日本酒全体の地盤沈下

はて「地酒」ってなんなのだろう？

地酒の「地」には、中央からの偏見と、地方がみせた自嘲がこんがらがっている。

江戸だって「地」に甘んじていた——徳川の治世も十八世紀に入れば、江戸は京や大坂をしのぐどころか世界でも有数の大都会になった。それでも「地酒」「地本」「地女」というように江戸の産物や人、文化は上方よりワンランク下のものとみなされていた。

もっとも、江戸やその近郊の酒の質が悪かったのは事実だったようで、往時の本には「酒とくりゃ、やっぱり上方からの下りものに限る」と書かれている。

明治維新で東京が名実とも日本の首府となっても、こと酒に関していえば灘、伏見の優位は変わらず、昭和時代には企業格差まで顕著となった。未納税（桶売り）にすがる地酒蔵は多く、大メーカーの下請け、ＯＥＭという位置に甘んじた。地酒は田舎くさい、野卑、洗練されていない……哀しいくらいステイタスが低かったのだ。

昭和も末期になり、ようよう地酒は反攻をはじめる。

同時に大メーカーの酒への批判がかまびすしくなった。これはパワーバランスの妙でもあって、うるさい連中はこぞって灘、伏見の一挙手一投足にいちゃもんをつけた。相対的に地酒はいい、純で無垢でマジメできちんと醸してあるという声につつまれた。

越後の酒は淡麗辛口と持てはやされ、やがて平成になって蔵元杜氏の時代がきて、地酒はハイクオリティのレッテルを頂戴した。実はすべてがそうじゃなかったけど、一部の蔵のふんばり、商売上手のおだてで地酒こそが日本酒の本流という道筋がついた。


ふと気づいたことだが、この頃、あまり「地酒」という呼び名を耳にしなくなったような——近年は大メーカーの、あらゆる面での凋落ぶりが板についてしまい、もう地酒の仮想敵という役割すら果たせなくなってしまった。

これは日本酒の不幸であって、決してよろこぶべきことではあるまい。

一九九〇年代から二〇〇〇年代初頭に吹き荒れた、純米酒原理主義者の雄叫びも落ちついてきたようだ。純米酒布武の思想は、大メーカーと地酒を問わず、添加物ありきで醸された酒への強烈なアンチテーゼ、日本酒の原点を問うアジテーションだった。

しかし二〇一〇年以降、純米酒回帰がめざましく進み、「純米酒＝ヘビー」の図式も風味の多様化で影をひそめ、純米酒はメインストリームに立ち戻りつつある。

その意味では、純米酒もまた敵対軸を失ったのだ。

酒の取材をはじめた頃、藤井酒造の藤井善文蔵元から、純米酒復権の旗手だった上原浩を紹介され、おっかないジイさまだなァとたじろいだものだが——あらためて彼の『純米酒を極める』（光文社）を読みかえすと、その主張の真っ当さに感服する。

かくいう私も、なんだか物いいが日に日に上原浩化していると苦笑する次第……。

ともかく、地酒は汚名返上して、うまい酒の代名詞にまでなった。

地酒は地方のランクの下がった酒ではなくなった。都会のええカッコの店で「私、日本酒がいい」という年若き美女はうまい地酒が呑みたいのだ。だけど、彼女は、わざわざ「地酒をちょうだい」なんていわぬだろう。そういう時代になった。

ところが、日本酒全体の地盤沈下は隠すことのできない事実だ。

日本沈没にたとえれば、本州に灘、伏見の大メーカーがいて、これが眼に眼に日に日にずぶずぶと沈んでいっている。彼らの後ろでは「地酒のツラした大メーカー」、灘、伏見に本拠地がないだけで、やっていることは同じという地方大手が不安げに立ちすくむ。

このままなら、間違いなく本州はすべて沈む。

大メーカーの売り上げの生命線「パック酒」は、愛飲者のボリュームゾーンでもっとも若いのが六十代半ばだといわれている。普通酒、中には三増酒も混じるパック酒が今の二十代、三十代に呑み継がれていく気配はない。いずれ、この酒はその時代を終える。

とはいえ、冷蔵庫保管問題を考えればパック酒の意義は大きい。パック技術の進化も眼をみはるものがある。若い世代がこの酒を知らぬというのは、大きなアドバンテージになるはずだ。偏見や誤解のない真っ白なひとたちに、酒質からデザイン、イメージまで一新したパック酒を供することができれば、おもしろい展開が待っているだろう。

どんどん沈む本州の様子を、海を隔てた島に寄り集まった地酒蔵がみつめている。己の足元もゆっくり下がってきているけど、本州ほど目立ってひどくはない。ここで安心しきる蔵もあれば、危機感を募らせる有志もあろう。

注目すべきは、地酒の島の隣に新しい島ができ、それが二〇一〇年あたりからどんどん大きくなっている。それは「獺祭島」であって、ひとつの蔵しか建っていない。この島の今後について、ますます隆盛に向かうと占う人がいれば、首を傾げる人もいる。私は、しばしノーコメントということで押し黙ろう。

沈没の憂き目をかこつ日本酒列島ではあるけれど、輸出だインバウンドだ、日本酒ブーム、ネットビジネスだと開発の掛け声はかまびすしい。

その中軸になるのは、近年になり面目を一新した地酒だ。できうることならば、日本酒の本質、本流を踏まえた蔵が、ひとつでも多くサバイバルしてもらいたい。

徹底した地元志向

蓬莱泉、その七代目当主の関谷健は農業事業にも積極的だ。

そもそも彼には、静岡県の肥料会社や兵庫県にある酒米試験場に勤務していた経歴がある。

「酒づくりにおいて米の品質の差は大きいです。百メートル走にたとえたら、いい米を使ったら三十メートルぶんくらいのアドバンテージがあります」

関谷はアグリ事業部を立ち上げ蔵の近くで二十三ヘクタールの田を耕している。小泉政権の規制緩和で、会社も農業経営に乗り出すことを認可した二〇〇六年にすぐ参画した。

この作付面積、私が知っているかぎりでは、蔵単位だと日本有数、ひょっとしたらナンバーワンかもしれない。耕作しているのは愛知県農業総合試験場山間農業研究所が開発した、山間地向きの酒造好適米新品種「夢山水」を核に、食米で掛け米にも使う「チヨニシキ」「みねはるか」など。

「町内の水稲栽培面積の一割近くを関谷醸造が担っています。高齢化が進みすぎて後継者難も深刻です。そういった問題をかかえるご高齢の農家の方々は、農地をウチにまかせたいといってくださいます」

米の自社栽培、契約栽培には地酒蔵の多くが取り組み、地域再興、地域貢献への目くばせも欠かせない。その意味で蓬萊泉は新しい地酒の時代の王道をいっている。

田植えや刈り取りをイベント化し、その米を醸造するという体験型プログラムを立ち上げ好評だ。

「酒づくりの基本は米、そこから考えると、栽培し（一次）醸造して（二次）売る（三次）、つまりは六次産業なんです」収穫した米は徹底分析している。

「そのデータを仕込みに反映しています。機械はこっちの指示なしに動かないんだから、米の資質を把握し、どう醸していくかを方向づけるのが蔵元の責任です」

蓬萊泉が東京という大マーケットに背をむけるのはなぜか。

「東京、水が合わないですもん」と関谷はケムにまこうとするが、そうはさせぬ。

「東京やマスコミ、力のある酒販店に持ちあげてもらうのは気分がいいでしょうね。でも、その反動はかならずくる。調子にのって石数をあげると酒質は下がるし、経営的には撃沈が待っているだけじゃないですか。そんなことしたら、ご先祖に叱られちゃいますよ」

徹底した地元志向で、着実にぶれずに本道をいく。

「これが三河のやり方、つまりは蓬萊泉のやり方なんです」

それは、古いけど、だからこそ新しい、地酒の在り方といいかえてもいいだろう。


取材を終え、蓬萊泉の直販所をうろつく。

「えろう高い酒ばっかだと思うとったら、安いのもあるじゃん」

「そーんなこといわんと、たまには旦那にええ酒、買うていってやりん」

「そうだら、せっかくだもんね」

じゃん、だら、りんの三河弁を駆使するオバハンたちの群れにまじり、酒瓶をとり酒器を愛でる。三河の女たる私の妻も、三文作家のビンボー所帯を切り盛りし、やくたいもない夫を叱咤してくれるのだからありがたい（けど、やっぱり怖い）。

今日は、うまい酒を土産に買っていくか……ちらり、殊勝なことを想うのだった。

第五章　バランスの妙――まんさくの花

（日の丸醸造／秋田県）

「酒の道のゴールは本当に遠い」

秋田県横手市の南東部、増田町には「まんさくの花」や「真人《まなびと》」といったうまい酒を醸す「日の丸醸造」がある。

江戸期、増田町は養蚕と煙草の葉で大いに栄えた。日の丸醸造の蔵がある中七日町通りは、当時からの商業地だ。おだやかな佇まいながら、確かな歴史と繁栄を感じさせる街並みがいまに残り、案内マップ片手の観光客が行き交う。

かつて町内には四つの酒蔵があった。

だが、平成になり家業を守るのは日の丸醸造だけになった。その軒先にはイエロー、日本の伝統色でいえば鬱金《うこん》色に「大吟醸　まんさくの花　創業元禄二年」と墨の細筆文字のロゴが入った巨大な布《ふ》帛《はく》が、春の気配をはこぶ風にゆらめいている。

すぐ近くに、今はもうない蔵のひとつ、勇駒酒造の大きな木彫りの看板が掲げられていた。この威容、往年の盛業ぶりがしのばれるものの、いまは食事もできる味噌麹ショップにかわっている。

増田町中七日町商店街の家々では、屋内に「内蔵」が建てられた。現存する二十一の蔵が公開されており、とりわけ、日の丸醸造の内蔵は用材や造り、意匠（デザイン）、保存状態のどれもが抜きんでている。増田町の街並みは、国の重要伝統的建造物群保存地区に選定され、日の丸醸造の蔵も国の登録有形文化財だ。

日の丸醸造、その当主たる佐藤譲治とは、前作『うまい日本酒はどこにある？』の取材でお邪魔して以来の長いお付き合いが絶えることなく続いている。

「私が七十歳まで酒づくりにかかわれるとして、あと十五年……たった十五回しか酒を醸せないんです。少しでもうまい酒をつくるために、やりたいこと、試したいことはいっぱいあるというのに。酒の道のゴールは本当に遠い。満足できる酒ができたと思っていても、次の造りの季節がくるとそんな慢心はどっかに飛んでいってしまいます」

これは前著にのせた佐藤のことばだ。彼の真摯さと実直に私は強くうたれた。私が、蔵と酒のセレクションから取材、原作を手掛けたコミック『いっぽん!! しあわせの日本酒』（集英社）の、第一回目に取りあげさせていただいたのも、佐藤の存在と蔵が醸すうまい酒があるからこそであった。

佐藤は一九五〇年生まれ、慶応大学に進み秋田を離れた。旧三井信託銀行に奉職し、実に三十年近くも故郷とは縁遠かった。

在行中には、大阪の梅田支店のトップを拝命している。バブル経済の最高潮期、土地の値段が分単位であがったといわれる時代の、全国でも有数の切っ先の鋭いところで陣頭指揮していたわけだ（出勤や移動には支店長専用車を使い、百人に近い部下を率いていたそうだ）。

そんな佐藤が一九九八年、銀行を辞し四十七歳で蔵を継ぐ。

「横浜にマイホームを建て、息子も生まれました。自分でも、まさか秋田に戻るなんて……まったくゼロとはいわないけれど……いや、私より家族がびっくりしていました。妻にすれば青天の霹靂《へきれき》ってこのことでしょうね」

そもそも佐藤家は秋田にルーツがあるのではなく静岡の系譜だという。

「蔵は一六八九年の創業ですが、太平洋戦争さなかの一九四三年（昭和十八）に廃業しているんです。それを、遠縁にあたる静岡県の井手家と、私の父の光男が買い取りました」

敗戦後の四八年、日の丸醸造は再開する。往時は、酒をつくれば売れるという時代であった。ＪＲ十文字駅の近くに新しい蔵が建ち、そこまで貨物の引き込み線がきて毎日、酒が出荷されていた。ＳＬの汽笛が高らかに響くのを蔵人たちは誇らしくきいたことだろう。日本酒の栄華をかたるシーンがここにある。

「記録をみたら、七五年には九千石の醸造量でした」

一石は一升瓶換算で百本に相当する。現在、有名ブランドを擁していても一万石近くを醸せる地酒蔵は少ない。だが一九七〇年代半ばあたりまで、まだまだ日本酒業界は鼻息があらかった。日の丸醸造と同じく気を吐いていた蔵が、日本のあちこちにあったはずだ。今日では、日本酒のみならずアルコール飲料全体の消費が先細りしており、地酒蔵も量より質を追うようになっている。

「この町で、この蔵で育ててもらいました」

だが、父の跡を受けた佐藤の時代は苦闘の連続だった。

石数も落ちていった。初めて彼を訪ねたとき、昭和の新蔵は瓶詰めラインと瓶貯蔵の冷蔵庫となり、使わなくなった巨大なタンクが虚ろに立ち並んでいた。

「……九州から引き合いがきていましてね。あっちは増産に次ぐ増産でタンクが足らないらしいです」

佐藤は顔をゆがめた。大ブームにわく本格焼酎のメーカーに買い取られたのだった。

佐藤が梅田支店長からさらに栄進できた可能性はかなり高かっただろう。

銀行に残れば、少なくとも、蔵の存続に胃をしめつけられることはなかった。

「でもね、私は高校までこの町で、この蔵で育ててもらいましたから。大学へ行けたのも、いまの私があるのも酒づくりのおかげなんです」

佐藤は気負うことなく、さらりといってのけた。

こういう考え方ができる佐藤を、私は敬慕している。

成功した蔵の中には、先代や父祖を全否定する当主がいて、びっくりさせられる。

確かに、マイナスの資産を背負わねばならなかった苦労は、並たいていのことではなかったはずだ。

しかし、だからといって親を悪しざまにいっていいものか。

蔵元には私大出身者が多い。その学費は親が出した。もっというと、親のつくった酒を呑んでくれた客に依っている。この事実をどう受けとめる?

彼らの青春時代が、赤貧洗うがごとしだったり、親による虐待、ギャンブルで家庭崩壊といった不行状があったのなら、私も眉をひそめ同情するだろう。

だけど、当代の蔵元たちの話をきけば、不自由なく勝手気ままなティーンエイジを送っていたケースが圧倒的だ。そんな環境、カネは誰のおかげで手に入ったのか。

「オヤジやジイサンの代の酒はまずかった。だから思い切って改革しました」

こう胸をはるのなら納得できる。まして、親への反感、葛藤や確執なく育つ子のほうが珍しい。しかし、現在の蔵の興隆を自慢しながら、父祖の人格、さらには蔵の歴史まで否定してしまうのはいただけない。

いや、親を猛愛し絶賛せよといっているのではない。批判すべきところは指摘し、反省が必要なら改善すればいい。ただ、酒という文化のなかで生かされているという事実を忘れてほしくないのだ。自分は歴史の一ページだと自覚できれば、前ページのもつ意味の大きさを理解できるし、次へつなぐ責任も痛感できよう。

蔵を率いる以上は、感謝と謙虚さを忘れずクールにふるまってほしい。

せっかく、うまい酒をいただいても、蔵元がこのことをわかっていないと、私なんかは応援する気を失ってしまう。

うれしいことに、本書で登場いただく蔵元たちは、先代たちに石を投げつけたりはしない。むしろ、彼らは常に前向きだ。蔵のポテンシャルを信じ、何とか日本酒を復興させようと積極的に取り組んでいる。


佐藤は「年に一度しかチャレンジできぬ酒づくり」「やりたいこと、試したいこと」を毎シーズンめいっぱいに詰めこんだ。十六種類もの米で醸したり、日本最古といわれる麹と酵母を使った「百年前」という商品をつくったりしたのは序の口だ。

ことに米への想いは強く、蔵名とおなじ「日の丸」という酒米を、地元の増田高校農業科学科の協力で栽培、日の丸やまんさくの花などの銘柄の一部に使用している。

とにかくこの蔵のバージョンは定番、季節商品から思いつき商品（？）まで実に豊富で五十種以上の年もあったというから驚く。ラインナップを眺めるだけで愉しかっただろうが、全てを呑んだツワモノは何人いたのだろうか。

二〇一七年の初夏には、原酒に炭酸充塡した《業界初　強アルコール×強炭酸　漢《おとこ》のかち割り》を発売している。これはもう炭酸と濃醇な原酒のマッチングの妙、キンキンに冷やせばくいくい進む。アルコール度数が強いのでノックダウン要注意だ。

私の好みは、まんさくの花の、春と秋だけに出る限定商品「亀の尾」。希少な同名の酒米で醸した銘品で薫りに五味、喉ごし、余韻やキレとも万事に念の入ったバランスのよさには毎年感服している。

完成度の高い、温和でまろやか、上品な酒だ。

「特定名称酒」へのシフト

このところ、数量限定商品や季節限定商品が目立つようになってきた。

定番商品と呼ばれる、年間を通じて販売される酒だけでは、経営が立ちゆかなくなってきたからだ。

佐藤も、こればっかりは仕方がないという口調になった。

「お客さんの注目は、いつも呑める酒よりもネーミングやラベルの目新しい酒、プレミア感のある限定商品に集まりますね」

だから、佐藤のところだけでなく、全国の蔵が続々と限定商品を打ち出す。

山形の「栄光冨士」のように、何種類もの限定商品を毎月リリースすることが基本方針になった蔵もある。酒質設計はもちろん、ラベルデザインだけでも大変だろう。

五月の連休が終われば夏酒の登場というのは、もはや日本酒業界のお約束だ。四季の移ろい、旬が消滅しつつある昨今とはいえ、気の早さに苦笑してしまう。

その一方、私だって、まんさくの花の亀の尾が並ぶのを待ち望んでいるわけで、限定商品を愉しみにしているファンは少なくないはずだ。実験的な試みの酒が出れば、気になってしまう。ひとつ試してみよう、となる。それに、蔵とすれば限定商品を完売させたら新しい米を購う資金ができるし、社員の福利厚生費や設備費にもまわせる。

粗製乱造にならぬよう、と注文をつけつつ、おもしろい酒の登場を期待しよう。

地酒蔵では「特定名称酒」へのシフトも鮮明になっている。定番商品のほとんどが特定名称酒という蔵は珍しくない。その裏には、地域のヘビーユーザーをターゲットにした、安価な設定の普通酒の不振がある。

特定名称酒には八つのカテゴリーがある。純米大吟醸が最高ランク、値段は①から⑧に向かって安くなるのが相場だ。ただ、酒質やうまさが番号順になるとは限らない。

同じく、特定名称酒だからうまく、普通酒がまずいという判断も的を射ていない。嗜好は個人のもので、五感に第六感をプラスした官能と酒に親しんだ経験、知識、偏見などがジャッジを左右する。時代のトレンドの影響も受けよう。

あと、特定名称酒を名乗らない酒は、つくりが純米大吟醸であっても特定名称酒に区分されない（とはいえ普通酒に区分されるわけではないので、念のため）。

① 純米大吟醸（米・米麴・精米歩合50％以下）
② 大吟醸（米・米麴・醸造アルコール・精米歩合50％以下）
③ 純米吟醸（米・米麴・精米歩合60％以下）
④ 吟醸（米・米麴・醸造アルコール・精米歩合60％以下）
⑤ 特別純米（米・米麴・精米歩合60％以下）
⑥ 特別本醸造（米・米麴・醸造アルコール・精米歩合60％以下）

⑦　純米（米・米麴、精米歩合の規定はない）
⑧　本醸造（米・米麴・醸造アルコール・精米歩合70％以下）

特定名称酒には使用する米や香味、麴米の使用割合、添加するアルコールの規定、ラベル表記に関する細かな注文などがつく。ご興味のある方は、国税庁の「清酒の製法品質表示基準」を高覧いただきたい。

昨今は純米酒志向がいっそう進んだ。首都圏では、醸造用アルコール添加の酒（アル添酒）を圧倒している。アル添吟醸より純米吟醸というトレンドだ。アル添酒を全廃し、純米酒だけの蔵も目立つ。そこには食の安全やホンモノ志向がちらつく。

しかし、アル添酒がマガイモノというのは誤解で、高品位なアル添酒は実在する。「大信州」の長老杜氏、下原多津栄は醸造用アルコールの選別から、寝かせる年月、添加のタイミングまで微に入り細を穿《うが》つテクニックを駆使していたものだ。

また「蓬萊泉」のように、醸造用アルコールではなく自社蒸溜の米焼酎を添加すると、吟醸づくりにもかかわらず、酒税法の規定により、吟醸酒と称せないケースがある。

「日本酒はバランスに尽きる」

佐藤讓治蔵元の想いを酒に具現させるのが、一九四六年生まれの高橋良治で、九三年から杜氏の重責を担っている。

「酒づくりは清潔が第一と心得ております。米だけじゃなく、道具も徹底して洗って磨く。あとは、蔵元から杜氏、蔵人まで全員が気持ちを揃えて醸すことでしょうな」

高橋杜氏は訥弁だが笑顔をたやさず語る。その人柄と腕は、二〇一三年から山内《さんない》杜氏組合長の要務にあり、一四年には黄綬褒章を賜ったことで証明されよう。

「あくまで基本を大事に。それから一所懸命、これも大事です。そうやって、ひたすらマジメにつくって、ようやっとお酒の神さまが味方してくださいます」

高橋は決して己の技術や経験を誇らない。とことん謙虚なのだ。

高橋のつくる酒、ひいては佐藤の目指すところは一点に注ぎこむ。

「二〇一〇年代は甘酸っぱい酒が人気です。こういうのが、新しいファン開拓に役立っているとは思います。でも最終的に目指すもの、求められるのはバランスです」

佐藤が語気強く指摘するバランス、私も大いにうなずきたい。

香りなり、甘さや酸っぱさばかりが目立つ酒はインパクトがある。だが、何杯も盃を重ねられない。味わいが単純すぎて、どうしても呑み飽きてしまうのだ。

「バランスのいい酒は、最初からお終いまで『うまい』が持続します」

山脈にたとえたら、一峰だけが突出して高いのではなく、たおやかに優美に連なる山々というイメージだ。

「こだわる」が善い語感を持つようになったのは、いつの頃からだったか。職人の強い想いが息づいた、すばらしい技や製品に対し、マスコミは積極的に「こだわる」と表現するようになった。いまでは、こだわることが良識と理解されている。

しかし、「拘泥《こだわ》る」は「我執をもつ」の意であり、決してほめられたことではなかった。私の手もとにあるのは、いささか古い辞書ばかりなのだけど、広辞苑の第四版第三刷（一九九三年発行）には「①さわる、さしさわる、さまたげとなる　②気にしなくてもよいような些細なことにとらわれる。拘泥する　③故障を言い立てる。なんくせをつける」と散々な意味合いしか記していない。

長らく日本の職人にとって「こだわり」をもつことは恥であり、唾棄すべきものであった。これは日本酒業界も例外ではなかったはず。

いみじくも佐藤が「日本酒はバランスに尽きる」と喝破したのは当然のことだ。香・甘・辛・酸・渋・苦・鹹・キレ……日本酒を吟味する要素は多い。ところが、時代の潮流は甘さだったり、辛さ甘酸っぱさなど突出したテイストに偏りやすい。

日本酒業界は、えてして、そういうトレンドにやすやすと乗っかってしまう。

日本の職人は師から受け継いだ技を基本に、改良すべきところを正して善いものをこしらえてきた。小さな細かな工夫が受け継がれ、いつしか伝統になる。数をこなし、経験を積むことで円熟の境地に達する。若さはバランスに欠ける「稚」であり、期待をともなうものの、得体のわからぬ混沌の状態であった。高橋杜氏はいっていた。

「どんな小さなことでも手を抜いちゃいけません。ほんのちょっと、先っぽだけで醪を掻いた櫂でも櫂の全部をきれいに洗う。清らかな水で心をこめて洗うんです」

それが、日本の手仕事の文化でありプライドにほかならない。そこに風土の特質が重なり歴史が生まれる。日本酒も同じ道を歩んできた。

「こういう心くばり、心がけがうまい酒をつくるんですなあ」


いいところにスポットライトを当て、そこを伸ばすのに異論はない。

ただ、それが悪いところに眼をつむってもかまわないとなれば話は別だ。気がついたら、改善すべき点がいっそうひどくなってしまっていたら、モトもコもなくなってしまう。

日本では派手にすぎず、極端に偏らずバランスのよいものを、程度のいいものとして高く評価する。悪いところをなるべく減らし、高いレベルの均等均質を目指すから、一点だけ突出する「こだわり」は、忌むべきものとして排除されてきた。

確かに、こぢんまりとまとまりすぎるという批判はあろう。

ただし、低きに揃え完成度を損なっては話にならない。そういうものは美しくない。

だから、日本の文化は悪点を矯正するだけでなく、きちんとケアもしていくのだ。

再び、高橋杜氏はぼそりと語ってくれた。

「ほめられたらうれしいですが、そのためにやってておりません。やっぱり、杜氏の誇りは、誰にいわれんでも、みておらんでも、やるべきことをしっかりこなすことです」

ダイヤモンドは大仰に輝くが、珠はおだやかでやさしい光をじんわりと放つ。

日本の職人は、こだわりのない品をこしらえることにプライドを持ってきた。それが当然のことであったから、お宝鑑定団じゃないが、「いい仕事」に対して特別にほめ言葉を用意しなかった。しかしマスコミ、たとえば広告業界はそれだと困る。私も十年ほど広告の世界にいたからいうが、広告屋は悪いところが九あっても、一ついい点があればそこを徹底してほめる。どの誰が、どんな発想で「こだわる」の意味を転換させたのだろう。

おかげで日本の職人、日本酒業界に、ほめられたいシンドロームが蔓延してしまった——というのは穿《うが》ちすぎだろうか。

だが、日の丸醸造をはじめこの本に登場する職人たちは、決してこだわらない。

蔵元と息子、そして杜氏

日の丸醸造の次代は、佐藤の一子にして長男の公治《こうじ》が受け継ぐことになる。

親の名が「醸」に似た「譲」なら、息子は「麴」とおなじ発音、酒づくりと縁深い。

「秋田でがんばっていた祖父が死に、父の帰省が決まったのは中学に入る直前でした。中学受験の合格を知らせることができたのが、僕としては、せめてもの慰めでした」

公治の記憶の中で蔵は夏休みか正月に「行く」ところであって「故郷」という意識は薄かった。中学から慶應に進んだ彼は母と横浜に残り、父が単身赴任することになる。

「父は銀行時代、ずっと多忙だったから家にいないって状態は変わらないんですが」

公治は苦笑する。父と同じ大学へ進むが「蔵に入る気はまったくなかった」

それが社会に出て徐々に変化していった。

「蔵つきの酵母みたいなものというと変なたとえですが、酒屋のDNAがじっくりと影響したみたいです。大学を出て製菓のトップメーカーに就職するんですが、いつしか蔵へ入るんだろうなという気持ちが固まってきました」

親から請われ、促されるより先に、彼は秋田へ「戻る」決意を固める。東広島の酒類総合研究所で醸造の基本を一年間かけて学び、二〇一一年に日の丸醸造入りした。

「たとえば、父が銀行の退職金をはたいて高額な精米機を買ったことの意味がようやくわかったというか……原料米を購うため資金調達する苦労、営業先での態度、酒質設計に没頭する姿などを目の当たりにして、酒造業の厳しさを痛感しました」

公治の発案により、蔵にＷｉ－Ｆｉを走らせ、仕込みの各段階の数値をリアルタイムで蔵の全員が把握できるようにしている。

「こういう提案では社長とはぶつかることがあります。でも、杜氏がやってみっかといってくれるので助かります」

蔵元と社長室長を拝命した息子、そして杜氏――。

三人が一緒にいると、息子は父に少々気がねをしているようにみえる。でも、息子は醸造の新技術やほかの蔵の動向に極めて詳しい。本当によく情報を集めている。私が取材した蔵の名をだすと、「あの蔵は」と詳細に語りだすのでびっくりしてしまう。

だから、息子は時に「ああしたい、こうしたい」と口にする。父たる蔵元は唇をへの字に曲げ、むすっと腕を組んでしまう。しばしの沈黙、続いて小さな衝突、また沈黙。父と子がやりあう脇でニコニコしている杜氏……。

公治はオフィシャルな場で父を「社長」と呼ぶ。電話でも社長と話すときは敬語を使い、自分なりの一線を引いている。横浜出身、ドイツでも暮らした妻と秋田へ移り、この地に溶けこもうと懸命だ。そんな彼に、杜氏は孫を愛おしむような視線をおくる。

「つくりに積極的にかかわってくれるのが、うれしいんです。慣れないだろうに寒い雪の日でも、朝五時にはきっちり蔵にきて、まずは一所懸命に数字を分析してますからね。ま、新しいことはあれこれ、まずはやってみないとわからんですからな」

本当の意味で目覚めるべき時代

日の丸醸造の社名とシンボルマークは、秋田藩主の佐竹公の紋「五本骨の扇に日の丸」に由来している。外国人にすればエキゾチックだろうし、昨今の日本だとちょっとキッチュでおもしろいと評価されている。

「クールジャパンとかインバウンドなんて、言葉が独り歩きするようになって、ウチも海外から注目されているようです」

世界的に超のつく有名なブランド統括グループが蔵を買収しようと画策したこともあったそうだ。しかし、佐藤は即答した。

「お断りしました。こんなことをしちゃ国賊になっちゃいますもん」

それだけの価値を認められたのだから、バイアウトもひとつの判断ではある。しかし、佐藤の対応に心意気がはっきりと投影されている。

彼は、増田町の観光資源ともいうべき、クラシックな街並みの整備に尽力し「まめでらが〜道の駅十文字」の経営にも積極的にかかわった。道の駅は二〇〇七年、全国でも珍しい株式会社組織でスタートし、いまや農産物だけで三億五千万円を売り上げる東北地方有数の存在に成長した。

佐藤の三十年の故郷不在の空白を、地域復興で埋めようという姿勢がみてとれる。しかも、そんなあれこれを佐藤本人は語らず、私は周囲からきいて知った。

オレがやったんだと大声を出さぬところが、いかにも彼らしい。

佐藤は整った顔立ちで、ロマンスグレーの髪と柔和な表情があいまったハンサムだ。

一緒に呑みにいくと、彼はやおら、まんさくの花のボトルを片手に店内をまわりだす。そうしたら、あちこちのテーブルから「ジョージ、ジョージ」なんて、黄色い声があがり、なかなか席に戻ってこない。

秋田美男なんて聞きなじみがないけれど、男前は歓待される。ちと、うらやましい。

だが、ようよう店内を一周してきた彼は、厳しい表情で何度も首をふるのだ。

「ブームといっても、日本酒はまだまだ。みんなビールやハイボールを呑んでます」

国内におけるアルコール消費全体の比率において、日本酒は十パーセントを割ったまま、なかなか回復しない。毎年、六から七パーセントの数字に低迷している。

「呑んでいない人が九割以上……日本酒は本当の意味で目覚める時代にきています。国酒やブームというなら、国や業界をあげてもっと高いシェアを目指すべきなんです」


ブームの現状、ひとくさり。

日本酒のことを書いていると知った人から、よくおすすめの酒を教えろといわれる。

先般も、旅館ビジネスのコンサルタントから、同じことを尋ねられた。中年の如才ない男だった。輸出好調、スパークリング、インバウンドなどのキーワードを並べ、酒を大いに売りたいという。なんだか、私は早くもイヤになってきた。

「普段はどういう酒を呑んでらっしゃるんですか？」と問うた。

「いやあ、それがほとんど呑まないですねえ。日本酒、やらないなあ」

男はいけしゃあしゃあといってから、銀座のエラそうな店で出される、高価な純米大吟醸の銘柄を二つ、三つ並べ「これなら、たまに呑む」という。私は憮然とした。

「じゃ、それを揃えればいいでしょ。扱っている酒屋とか卸を教えましょうか」

「まだ手垢のついてないやつがいい。そいつを売るんですよ」

あのなあ――口にもしない日本酒を、よくもまあクライアントの旅館やその客、まして外国人にすすめられるもんだ。なにより、和の文化の一角にかかわる者がこのありさま、日本酒の認知度はまだ低く、商売のアイテムとしかみられていない。

「認識不足ちゅうか、コトの順番、間違うとるんやないですか！」

「そうですかねえ、ふ〜ん、そういうもんかな」男は眼をぱちくりしていた。

だが、日本酒を愛しもっともっと広まることを願う、いわば汎日本酒主義を掲げる私にとって、これは試練と責務であろう。万年筆を執り、まんさくの花やら大信州、北雪、澤姫、巖《いわお》、大治郎などなどバランスの整った銘酒を記したのだった。

いや、彼にはインパクト勝負の、派手な酒のほうがよろこばれたか……。

秋田を去るとき、空港で駅で、佐藤はきまってぶ厚い手を差し出してくれる。

彼の掌は、いつもあたたかい。彼は別れ際まで蔵のこと、息子や増田町のこと、秋田県総合食品研究センターでの日本酒への取り組みや酒米などについて熱心に語る。

「また来てください。新しいチャレンジの、うまい酒を呑ませますから」

佐藤の手のぬくもりを抱きながら、私は搭乗ゲートなり列車が待つホームへ向かう。

振りむくと、佐藤はにこにこ顔で背伸びをするようにして見送ってくれている。

第六章　日々呑む酒とは――北雪

（北雪酒造／新潟県）

日本食レストランのオフィシャル〝SAKE〟

汐留のホテルのロビーは二十八階にある。

もう夕刻だが、夏の東京はまだまだあかるい。背もたれのない、おおきなソファで、親子だろう、二十代半ばのブロンド娘を真ん中にして、五十がらみの銀髪の男と藁がかったブラウンの髪の女が白い歯をみせながらタブレットに見入っていた。

窓辺に立つと、眼下に浜離宮恩賜庭園、さらにレインボーブリッジから東京湾まで一望できる。水面に茜《あかね》の色合いをたたえた夕陽が映え、高層ビルの照りかえしがプラチナに輝く。天上高の窓は巨大なフォトフレーム、この都市のベストショットを切り取っている。

お世辞ぬきで、東京の風景は二〇〇〇年あたりから凄まじくスタイリッシュになった。眼の前のようなシーンを、ガイドブックやサイトでみて「トーキョー」への想いをふくらませた外国人観光客は少なくないはずだ。

日本はとってもクールだし、そういってもらえるだけの都市景観をととのえた。

日本酒もまた、ニッポンをあざやかに印象づけてほしい。

ポンッと肩を叩かれ、振りかえると羽豆史郎《はずふみお》社長がいた。

「北雪酒造」五代目当主の彼は一九五八年生まれ、私より二つ上になる。

羽豆は丸顔に満面の笑みをうかべていた。リネンが入ってシャリ感が涼しげなテラコッタのシャツ、深い海の青のコットンジャケット、素材、仕立てともにハイクオリティがみてとれるチョイス、さすがに心得てらっしゃる。

私は毎度のごとくハットからシューズまで真っ黒、昨秋以来アホのひとつ覚え、ワイドパンツの裾をひらひらさせ悦にいっている。羽豆はボス然として恰幅がよい。私は筋トレ歴三十余年、まったく贅肉を寄せつけぬ。二人ともベリーショートヘア（坊主頭ともいう）でサングラス……なぜか、私たちの周りだけ、ぽっかり空間ができた。

羽豆史郎が率いる蔵は佐渡にある。「北雪」「信《のぶ》」「鬼夜叉」などの銘柄は、いずれも上質な酒だ。卓越したバランスの中に、鋭利な辛さとやさしい甘さがひかる。

しかし、私は羽豆の酒を越後の酒と呼びたくないし佐渡の酒ともいいたくない。

北雪酒造は、新潟や佐渡島という地域の枠を飛びこし、国内はもとより海外をも見据えた酒づくりに専念しているからだ。羽豆はうなずく。

「やっぱりレストランNOBUとの確固とした関係、オーナーたる松久信幸さんとの出逢いが大きいですね」

北雪の酒は、世界的な日本食レストラン「NOBU」と「MATSUHISA」のオフィシャル〝SAKE〟だ。双方の総帥で料理人の松久信幸は、アメリカにおける和食レストランのパイオニア、立志伝中の人物といえよう。

松久は四九年に埼玉県で生まれ、高卒直後から寿司の修業を重ねて、二十四歳でペルーに渡り日本食レストランを開業する。だが、しばらくは不運と苦労の連続だった。

転機は名優ロバート・デ・ニーロとの出逢い、彼を共同経営者として九三年にニューヨーク市でNOBU一号店をオープンさせる。以来、ロンドンやパリ、ミラノ、アテネ、ホンコン、トーキョーと世界の主要都市で展開中だ。ミラノ店はジョルジオ・アルマーニが共同経営者として名を連ねている。

北雪とNOBUの蜜月関係は意外なコネクションからスタートした。

「矢沢永吉さんのファンが北雪を愛飲していてくださり、それがきっかけでウチの酒を知った矢沢さんから、旧知のノブさん（松久）にご紹介いただいて……日本酒がとりもつ不思議なご縁というべきでしょうね」

松久の厳しい舌は北雪を認めた。彼からの声がけに羽豆が応じ、二人は八九年に逢う。たちまち意気投合、ここから北雪の、世界へのドアが開かれた。

「義兄弟なんていうと、ノブさんにはご迷惑かもしれませんが、私にとっては実の兄弟にもまさる兄貴です。料理や酒のことはもちろん、人間としてどう生きていくか、たくさん教えていただきました」

NOBUをはじめ世界中の松久の店で、日本酒は北雪しか扱っていない。

それほど、松久は羽豆の酒に惚れこんだ。やがて「NOBU」ブランドのコラボ銘柄の酒が生まれ、これがまさに北雪の蔵のものだということは、日本人よりむしろ外国人のほうがよく知っている。羽豆はこんなエピソードを話してくれた。

「アメリカじゃ『NOBU』がほかの日本食店から引き合いがくるんです。わざわざライバル店の名前をつけた酒を置かなくてもいいもんなのに、おもしろいですねえ」

こと北米において、いまや日本酒はSAKEの名称を不動のものにしつつある。アメリカ人は「サキ」と発音するようだが、もう「ライスのワイン」とはいわなくなってきた。米で醸した日本のうまい酒、それがSAKEだ。

「九〇年代までの、海外市場での日本酒はとにかく熱燗で出すもんでした。そうしないと、酒の悪い癖が隠せないからなんです」

それでも現地の人たちは、エクストラホットなライスワインを珍しがってくれた。

しかし低品位でつくりの悪い日本酒が市民権を得るほどマーケットは甘くない。そんなものを呑まなくても、ワインやクラフトビールなど食中酒に逸品が揃う。

「そこに北雪の大吟醸酒を持ち込んだもんだから、そりゃアメリカ人もびっくりしただろうし、日本酒への認識を新たにしてくれたはずです」

日本酒が演出する至福

羽豆とは、佐渡の日本料理店や寿司屋で盃を酌み交わし、新潟市内を何軒も呑み歩いた。彼は、豪放磊落《らいらく》な人柄のくせに視点が繊細、謙虚で決して人をみくだしたりしない。口調はいつもていねいだ。強い癖がありそうにみえて、実はさらりとしている。

今宵は東京で一献——ホテルの日本料理店も心得たもので、まずは北雪のフラッグシップ「信大吟醸ＹＫ35 遠心分離」をもってきた。

兵庫県産の山田錦を三十五パーセントまで磨きあげ、長期低温発酵させたうえ、醪を遠心分離器にかけた贅沢な銘品だ。ボトルはあざやかなブルーで、肩から下は一般的な丸みのあるものではなく、あたかも日本建築の匠が鑿《のみ》をあてたかのように、美しい六角のカットを施してある。

酒造用の遠心分離機は醪を搾る機械で、従来の圧搾機に比べてストレスが軽減し、劣化や酸化を防止できる。その酒を即時に瓶詰め、瓶燗処理して冷蔵庫へ直行させるのだから、およそ日本酒に求められる「うまい」の条件を網羅してみせたわけだ。

「遠心分離機は三台購入しました。値段は高級外車が六台ほど買えるくらいです」

それどころか、酒造用の遠心分離機を開発した田口隆信博士までスタッフに招いたのだから念がいっている。羽豆とはそういう蔵元なのだ。

店では、この酒を八度あたりまでキンと冷やして供してくれた。

羽豆の背中ごしの窓には、ようやく帳がおりた東京の、宝石をばらまいたような夜景がみえる。手前のテーブルには純白のクロス、そこにシルバーのソー・ア・ヴァンを置く。コバルトブルーの信大吟醸YK35遠心分離が胸もとまで氷に埋まっている。

料理はコースで先附けから椀、造り、焼き物、強肴《しいざかな》……ハモ、ウナギ、スミイカ、マグロなど旬の魚と葡萄に枝豆、万願寺とうがらし、翡翠《ひすい》なす、新生姜といった夏野菜を素材に、贅を尽くし手の込んだ、和食ならではの美しい〝作品〟が出てくる。

酒は口のひらいたグラスでいただく。上立香はほんのりフルーティー、酒の味わいをいえば、まず清冽な辛さで全体が引きしまる。その脇をするりと抜け出てあらわれるのが品のいい甘味で、味の調子はやわらかな口あたりに変化していく。この絶妙にして卓越したコンビネーション、淡麗辛口とは異なる、北雪の酒の妙味といえよう。

ほどよい酸味も特筆もので、汗をかく季節にうってつけだ。

羽豆は、お凌《しの》ぎの、小さな塗りの椀によそわれた雲丹かけご飯をいたくほめていた。熱帯夜のように濃密かつ妖艶な雲丹の食味と香味をしのばせた海苔、茎山葵《くきわさび》の芳香とシャキシャキした歯ごたえ、そこに甘い醤油がかけてある。

塗りの匙《さじ》ですくって三口半ほど、山海の味覚が張り合うのではなく手をたずさえる。それでも、口の中にまったりした磯香と脂を残す雲丹を、北雪の酒がすっと洗い、ふんわり落ち着かせてくれた。日本でアメリカで世界の大都市で、かような至福を和食と日本酒が演出していると思えば、自ずと笑みが浮かぶ。

私どものテーブルの、あれこれ世話をやいてくれるのが、和装のしっとりした美熟女というのもうれしい。彼女は唎き酒師に野菜ソムリエの資格を持っているという。おっとりした口調で、ていねいに細やかなサービスをしてくれる。

まことにけっこうな真夏の一夜なのであった。

日本酒よりもワインが飲まれている

もっとも私は、北雪と料理と美女にウツツを抜かしていたばかりではない。

酒が進むほどに、話題は当然のごとく日本酒のあれこれになる。

「国税庁の調査によると——」

私は平成二十六年度の国税庁発表「成人1人当たりの酒類販売（消費）数量表（都道府県別）」を持ち出す。それによれば、東京都において果実酒（ワインが中心）は八・五リットルで、清酒の六・二リットルを上まわった。私は唇を噛んだ。

「東京じゃワインのほうが呑まれています」

ちなみに全国平均だと清酒が五・四リットル、果実酒は三・四リットルでまだ差がある。清酒消費量の多い県は新潟の十二・四リットルや秋田九・三リットルで、これは別格とすべきだろう。一方、大都市圏では大阪、愛知が四リットル台と全国平均より少ない。浪花、中京の日本酒ファンいっそう奮起すべし。

果実酒が優位なのは、実のところ四都県しかない。

まずワイン王国山梨で果実酒は十一・一リットル、清酒五・四リットルの大差がついた。本格焼酎の牙城たる鹿児島と宮崎でも、焼酎が約二十リットルで圧勝しビールに伍している。宮崎は清酒二・三リットル、果実酒二・四リットル、鹿児島が清酒一・三リットルに果実酒一・六リットルだから、ワインが清酒にまさっているといいつつ双方とも超低空飛行だ。

しかして、東京での数値はいかなることか。

かつてサントリーが、「金曜日はワインを買う日」なんてキャンペーンを張り、小学生だった私をして（一九七二年のこと）「余計なお世話だ」と憤慨せしめたことがあった。されど、ワインの普及は難事、バブル期の狂乱人気やウンチク野郎の跋扈《ばっこ》、ボージョレー解禁日の報道こそあれ、日本酒を追い抜けそうになかったのだが——。

いや、私もワインはおいしくいただいている。ついでにシャンパンやシェリー酒、ジンにも眼がないのだけれど……やはりワイン優位の事実を知って複雑な気分だ。ふと、東急が地域ＦＭで流す「二子玉川って、ワインとデリを買えば、それだけで素敵なランチができちゃう。これって東京の新しいスタイルだと思う」なんてコマーシャルを思い出し、いつもに増して「こざかしい！」と眉をひそめてしまうのであった。

「いずれ、こうなると思っていました」羽豆はグラスを静かに置いた。

「大都会で暮らす人のライフスタイルにワインがはまっちゃいましたね。週末に家族で食卓を囲むときに選ばれるのが、日本酒ではなくワインということなんでしょう」

私もあわててグラスをあけ、美熟女が酒を注ごうとするのを制した。

羽豆の目くばせがあって、彼女はそっとテーブルから離れる。

羽豆と私はやわらぎ水で口を湿し、酔いを脇においた。羽豆は分析する。

「おそらく、そのときのワインは高級なのではなく、私たち日本酒がライバル視する千五百円から二千円見当のワインだと思います」

「それどころか、千円より安いヤツじゃないですか」


私は東急田園都市線沿線に住まう。住みたい沿線云々で常に上位にランクされているだけあって、住人のええカッコしい度はかなり高い。そういった街のスーパーで、安いワインがどんどん売れている事実を目の当たりにしてきた。

それらは主にチリ産で、この国は人件費と原料のブドウ果実が安くつくだけでなく、ＦＴＡのおかげで関税まで安くなっている。いつの間にか、チリワインは、フランスや世界最大のワイン生産国イタリアを凌ぎオーストラリア、ニュージーランドらニューワールド勢をも押しのけ〝コスパなワイン〟として大人気なのだ。

チリワインは二〇一五年から、フランスを抜き対日輸出量でトップにある。ただし、金額となれば断然フランスが優位、チリワインのリーズナブルさがわかろう。

東急ストアが思い出したように行う「ワイン二割引きデー」には、老若男女を問わず、大勢の客が棚の前で思案している。一方、日本酒の棚はいつだって閑古鳥が鳴きっぱなし。私は思うところを述べた。

「気楽で安くて、それなりにうまいっていう、そこそこ感が満載のワイン。以前の私なら、こんなモン呑めるかって蹴とばしてたでしょう。ホンモノをもってこい、本流のが欲しいと吼えていたはずです」

だが、いまはそういう気分にはなれない。景気は不透明のうえ、老後のことは暗闇に近い。事実、五十代になって財布は薄っぺたくなった。格安ワインに手が伸びる。

「マスダさん、日本じゃ日頃からフランスの銘醸ワイン、ドイツの高級なアウスレーゼを呑むのは、やっぱりごく限られた人たちですよ。でも、いまの消費者はそういうのを求めているわけじゃなさそうです。そのくせ、そこそこ感のレベルも高くて、チリワインなんかはここを上手に衝いています」

クリーンアップ級の強打者じゃないけれど、試合巧者の七番バッターがあらわれたというところか。私はさらに意見を重ねる。

「リピーターになってもチリという国、ブランドに対する忠誠心は薄い。というか銘柄なんて気にしてないでしょう。あくまでコストパフォーマンスが主眼なんです」

消費者は、ホームラン王に期待することを、下位打線に求めるほどアホじゃない。もっと高品位でうまい、しかし値の張るワインがあることを知っていながら、充分な理解と了解のもと安価なワインを買っていくのだ。

しかも、国内の人口移動は首都圏への流入がはっきりしている。羽豆は声を殺した。

「いまは日本酒を呑んでいる地方の人も、いずれ東京に住まうようになり、ワインへ走るかも……しれませんね」

手軽でおいしく質の確かな「日常の酒」

景気の低迷で家呑みが増えたというデータもある。

ハレに対するケの酒、かつて日本酒が「晩酌」という食文化のもと繁栄を誇った場に、東京ではワインが割りこみ日本酒を抑えこんでしまった。

「かつてはワインほど小むつかしい酒はなかったのに」

私がいうと、羽豆はもう一杯、大ぶりのグラスにやわらぎ水を注ぎながらいった。

「日本酒がワインをしのぐマニアックな酒になってはいけません」

ワイン文化の母国たるフランスでは若者層のワイン離れが著しい。

料理に合わせるマリアージュ、抜栓し別の容器で酒をひらかせるデキャンタージュ、果実と産地、当たり年などワインのあれこれが面倒くさいから敬遠されているという。赤白につきまとう講釈を嫌ってロゼに走る人がひどく増えた、とフランス帰りのワイン商からきいたこともある。羽豆は、日本酒も似た状況だと深くうなずく。

「特定名称酒の制度も、いまとなれば細分化がすぎたのかもしれません。特級、一級、二級といったシンプルなカテゴライズのほうがわかりやすいでしょうね」

マニアが特定名称酒の類別程度のことで騒ぐことはない。むしろ酒米や酵母、日本酒度や酸度といった細かで、それこそ杜氏が差配するあれこれをいいたてる。しかし、だからこそ彼らはマニアなのだから、そっとしておくのがいい。

羽豆が指摘しているのは売り場での混乱であり、酒を供する場での鬱陶しさだ。「どれがおいしいの？」という、まっとうな質問に酒屋はどれだけ的を射た回答をしていることか。純米大吟醸から特別本醸造、さらには普通酒、三増酒までの説明をきかされたら、ただうまい酒が欲しいだけの客はたまったもんじゃなかろう。

ワインに走った客は、原産国や銘柄ではなく「うまさ」と「値段」を基準にしているのだから、日本酒はますます敬遠されてしまう。

しかし、日本酒はあれこれ説明が必要なほどむずかしい酒だ。並行複発酵、麴に酵母、醪……これらは日本酒の魅力でもある。だからこそ蔵や酒にストーリーが生まれる。

「日常の酒とプレミアムの酒は分けて考えたほうがいいんです。お客さんもマニアック志向とそうでない人とではアプローチを変えないと。晩酌の場から日本酒が弾きとばされたんですから、そこを徹底して回復させるんです」

羽豆は、食卓の友としての日本酒の復権には、もっとポピュラーで間口の広い一手が必要だと強調した。

羽豆は明快に、新しい日常の酒の構想を語ってくれた。

「特定名称酒の種別を表記するのをやめたいんです。純米大吟醸酒と書くかわりに、うまい酒って書いときゃいいでしょう。精米歩合とか酵母をラベルに記載するのもヤですね。法律で定められた最低限度を記しておけば、それでいいんじゃないのかな」

東京という市場が求めているのは、手軽でおいしく品質がしっかりし原材料も安心できる日常の酒だ。それは、酒屋が「これです」とすぐに差し出せる酒でもある。

「デイリーユースの日本酒は、きっちりした原材料と品質で勝負します」

ワインには酸化防止剤（亜硫酸塩）が入っているし、国産大メーカーの安価な商品には果実ではなく濃縮果汁やジュースを原材料にして醸したモノが多い。

「新しい日常の酒は水と米、麹だけで醸した、一切の添加物がないピュアな純米酒です。しかもワイン並みにアルコール度数を低く十三度くらいにおさえたいですね」

低アルコールの日本酒はすでにチャレンジがなされているけれど、なかなか評価されない。度数が低いと風味が薄い、ボディが弱いとイメージされてしまうようだ。

しかし羽豆は首をふった。

「原酒を割り水して度数を低くしちゃ意味がない。いや、きっちりと腕のある杜氏が醸せば、ワイン並みの度数でもしっかりとうまい日本酒は醸せます」

値段はチリの安価でそこそこ感のあるワインを意識する。

「酒の原料費は米が大半、高くつく山田錦は無理としても、探せばいい米はいっぱいあります。そうしたら、吟醸酒を醸すノウハウでこさえてもコストはおさえられます」

ボトルやルックスも大事になる。買い物ついでに、重すぎず、かさばらない容器。店頭ですぐにみつけられ、しかも卓越したデザインのラベル。ここでも羽豆は明快だ。

「一升瓶は東京の家庭じゃ門前払いでしょうね。だから四合瓶でいいと思う。むしろ五百ミリリットルとか三百ミリのほうがウケるかもしれません」

興が乗ったのか、「一升瓶ファン開拓のために、専用冷蔵庫のプレゼントキャンペーンでもやりますか」のアイディアも。実際、羽豆は、北雪の酒を置くスペースがないといった酒屋に、ど～んと業務用大型冷蔵庫を送りつけ、北雪専用にしてくれと言い放ったことがある……。

容器に関しては、前の酒の本でもしきりにボヤいたが、マール、グラッパなんぞは実にスタイリッシュでシンプルなボトルを用いている。その発想が日本蔵にないはずはないのだろうが、物流やコストを考えると二の足を踏んでしまうのだろうか……。

ちなみに北雪ではチタン容器の酒を販売したことがある。もっとも羽豆は「ありゃコストがかかるし、日常使いには無理ですけどね」と苦笑しきりだが。

「ガラス瓶でなくてもパウチパックや紙パック、ペットボトルはどうかな。デザインさえよければ、たとえ紙パックでも抵抗感はぐっと減るはずですよ」

ワインではすでに手軽なパウチパックがけっこうあって、これがまた、なかなかポップでかわいらしい。新しい酒は新しい革袋に入れよ、とは西洋のことわざだが、新しい日本酒だって新しい容器のことを真剣に考えなければいけない。

「ラベルもシンプルに色分けします。ブルーラベルは中身が値の張る酒なら、新しい日常の酒はレッドとかね。旦那さんの誕生日にブルーを選んでもらえれば、亭主だって今夜はいつものレッドじゃないんだ、なんて会話も弾みますよ」

ネット販売と通いなれた酒屋さん

日本酒がじわりと世界へ進行していくなか、和食とのベストマッチングはキラーコンテンツになっている。だが、こうして羽豆と舌鼓を打っているような食事は、やはりハレの料理であってケではない。

日本の家庭では刺身の横にギョーザ、ハンバーグ、味噌汁が平然と並ぶ。イタリアン、中華、エスニックが入り交じる無国籍ぶり。生はもちろん焼き炒めて煮る炊く蒸す。出汁《だし》を使い醤油にケチャップやマヨネーズ、デミグラスと味付けのバリエーションまで多岐にわたる。ハイカロリー化、脂っこさ倍増傾向も書いておこう。羽豆は身をのり出した。

「ワインの強みは酸ですから、洋風化した日本の家庭料理との相性がよくなってきたんです。だけど日本酒だって酸がたつのが多いし問題はない。もともと、日本酒の守備範囲は、それこそすき焼きから天ぷら、冷やっこまでとっても幅広い。しかも生の魚や醤油、味噌とのマッチングは日本酒がワインより絶対的に優位です」

うまい酒があったとしても、どこで手に入るのか、わからないという問題は深刻だ。

私も日本酒漫画の原作を書いて、読者からこういう声をたくさんいただいた。

「だから、北雪は都市部のデパートに置いてもらっています。そりゃ各地に有名どころの酒店があるんですが、こういったお店の場所を説明するのはけっこう大変でしてね。その点、百貨店なら誰でも知っているし、ターミナル駅の近くだから行きやすい」

同じような話で、書店を探してもマスダの本がないといわれ忸怩《じくじ》たる想いに苛まれる。売れない作家の本は（いい本であっても！）本屋の棚にない。日本酒だって似たような状況で、銘酒だとしても小さな蔵の酒はたいていの酒屋で扱われていない。

さらに、本は書店で注文してもらえれば手もとへ届くけれど、酒は流通がヘンな具合で硬直しているので、問屋の帳合いがない蔵だと酒屋に入らないし、蔵も日頃の付きあいのない店と取引したがらない。

「だから、僕はネットだというんです」羽豆はこの点でも快刀乱麻の勢いだった。

「蔵元の多くがネットでの販売を嫌がります。その気持ち、僕もよくわかるんです。でも、十年後を考えれば、いま十歳の子がお酒の世界にエントリーしてくるんですよ。彼らはもうデジタルネイティブ。さらに次の世代は、もっと進化するはず。彼らにとって、ネットで買えないモノがあるなんて理解できないんじゃないでしょうか」

アマゾンは生鮮商品を軸とした物販に乗り出してきた。カップ麺一個から届けてくれる——この記述は本書の中でもっとも早く〝過去の話〟になり果てるだろう。数年待たずして、ネット販売の規模はすさまじい勢いで増大し変化していくはずだ。

「北雪の、新しい日常の酒を今夜、呑みたいと思ったらアクセスしてもらえばいい。いずれドローンが僻地にだってデリバリーしてくれるでしょう。晩酌の日本酒は、そこに乗っからないとワインに太刀打ちできません」

とはいえ羽豆と私は手放しでネットを礼賛する気なんてない。

こと、アマゾンが日本の物流から物販にいたるさまざまな流通システムを蝕み、零細中小の店舗を脅かすどころか、まともに税金すら払っていないときいて愉快なわけはない。まして日本酒は極めてアナログかつリアルなイメージが強い。デジタルでバーチャルな世界観とは相いれないことは重々承知している。

だが、ネット通販を無視できない情勢にあることは否定できまい。ネット通販に乗り出す酒屋だって増加していくだろう。羽豆も猛烈に自省している。

「酒が身近でなくなったのは蔵のせい。もっと広く、知ってもらって買ってもらわなければいけない。ネットで売らないのは蔵の自己欺瞞じゃないかなと思っています」

ならば、どうこれと向き合うかが火急のテーマになってくる。

私の場合、資料の書籍や勝手のわかっている文具はネットで間に合わせる。CDも相性のいい評論家がほめたものはネットで買う。配信で聴くことも再三だ。

一時は洋服もネットを利用していたが、いまはもうすっぱりやめた。

ネットでかまわないモノと、書店なりファッションショップに「足を運んでまで」「店員とコミュニケーションして」買いたい商品はまったく別だ。

本屋なら古書店もふくめ、膨大な書籍の森に迷いこみたい。そうやって思いもよらぬ本や著者と出逢い、豊かな読書体験を得てきた。ＣＤやレコードも同じだ。

服もやはり、懇意のスタッフの見立てやセレクションを大事にしている。

素材や縫製、デザインの細部、着心地はショップでしか実感できない。近年はショップで試着しまくって、買うのはサイトという手合いが多いらしいけれど、私はそこまで厚顔ではないし、なによりスタッフとの人のつながりを大事にしたい。

日本酒も事情は変わらない。

酒屋で見知らぬ酒と出逢うよろこびは何事にもかえがたい。私が通い慣れた酒屋さんは勉強熱心だし、あれこれ業界事情を教えてくれる。ただ、羽豆の指摘どおりで、気になる酒がすべて近所で揃うわけではない。千駄木や聖蹟桜ケ丘に品揃えのいい店があるのは承知しているけれど、酒だけのために電車を乗り換えて出張るなんて、今の私にとっては正直いってメンドーだ。

でも、これらはハレの酒なので、いつも手もとにないからと嘆くものでもない。

ただ、それがデイユースのケの酒ならちょっと事情が違ってくる。

だから、ネットもまた選択肢に入ると書いた。リアルとバーチャル、そこに生じる歴然とした価値観の差や違いを衝けば、街の酒屋がネットに打ち負けることはない。

酒屋はここに力を注いでほしい。

うまい酒とうまい肴さえあれば

羽豆史郎は息子の大《ひろし》に蔵元の座を近いうちに譲ると明言している。

「レストランNOBUという存在に頼るな、佐渡や新潟の酒どころか地酒という枠にとらわれるな、日本酒をむつかしくするな――息子に託すメッセージです」

大は営業セクションで活躍してきたが、これから数シーズンは蔵に入って本格的な酒づくりに邁進する。つくりのスタッフ一新の計画にも着手した。

すべては次代を担うための修業、息子だけでなく父も正念場を迎える。

「新しいデイリーユースの酒は、大に委ねることになります」

羽豆はNOBUの新店がオープンすると四斗樽を携え駆けつける。

北雪の鏡開きはオープンセレモニーに欠かせぬ寿ぎのメインイベントだ。

「サウジアラビアのリヤドでも店開きするらしいんですが、あっちはアルコール厳禁でしょ。薦被《こもかぶ》りになにを入れようか、甘酒かそれとも仕込み水がいいのかって、愉しく悩んでいます」

羽豆は十人兄姉の末子でありながら蔵を継いでいる。血肉をわけた同士の葛藤や対立があり、結果として兄の跡を受け当主となった。酒質の刷新、借金や失った信用などマイナスの遺産を背負いながら末子は北雪の再建に孤軍奮闘した。

「松久さんもそうですが、いい人との出逢いがあってここまでこられました」

北雪に米を供給する滋賀の若手農家、新潟の完全無農薬の米作農家しかり。北雪のオリジナル酒器をつくる千葉の工芸家も、羽豆が引き寄せた不思議なる縁の人たちだ。

羽豆の半生、プライベートもなかなかに波乱万丈、小説よりずっとずっと奇なりだが、そのことを書こうとしたら彼は細い眼の奥を鋭く光らせたのだった。

「過去なんてどうだっていいんです。それより今と未来のことを語りましょうよ」

この姿勢こそ、羽豆を貫く信念――土地に根ざし、地の酒を醸す蔵元がいるのはうれしい限り、それに加えて、羽豆のように世界を飛びまわり、日本酒の直面する閉塞を打ち破ろうとする人物がいることもありがたい。

私が唱える日本酒の理想郷は「酒屋万流《さかやばんりゅう》」だ。

日本酒の世界で、百花繚乱し、諸子百家がならぶことを願っている。

いろんな蔵がさまざまな個性たっぷりの酒を醸し、呑み手は各自それらを愉しむ。

酒屋万流は、この本で批判の的となった酒をもそっくり包みこむ。もちろん、文化に対する考え、性別や年代、蔵の立場の違いなどなどを踏まえてのことだ。

「うまい酒があればしあわせ。酒呑み同士、ごちゃごちゃいわんと愉しくいきましょ」

てな、感じだとご理解いただきたい。

酒屋万流を口にしたとき、数ある蔵元の中で、いちばんフラットに賛同してくれたのはほかならない羽豆だった。あの、満面の笑顔で彼はいってくれた。

「オレ、好き嫌いは誰よりハッキリしているんですが、ほかの蔵や酒のこと、あんまり気になんないんですよ。それより、日本酒って器が大きく深くなってほしい。蔵がそれぞれ、信じることを誠実にやっていけば、日本酒はきっと復活します」

さて、ホテルの日本料理店の看板までねばった末、羽豆と別れた。

帰宅し、美熟女から羽豆に手渡され、彼が私に差し出した手提げの紙袋をあければ、竹の皮に包んだ小ぶりのおにぎりだった。

イワシと新生姜を釜炊きし、鰹節に月鞘葱《つきさやねぎ》、ゆかりを散らしたオツな夜食。薄茶の飯に白、緑、紫などが散っている。

さっそく冷蔵庫から北雪の「純米吟醸越淡麗」をもってきて独酌した。

夜風をいれようと窓をあければ、夜空に照る月と羽豆のまるい顔が重なった。

うまい酒と肴がそろえば、酒呑みはどこにいてもしあわせになれる。

第七章　日本酒の会におもむく

見知らぬ蔵のうまい酒

阪神タイガースを応援する私は、ときたま球場に足をはこぶ。

だが、応援団から遠く離れ、ひっそり観戦する。熱心すぎるファンやマニアは手にあまる。胸のうちで快哉を叫んだり、こりゃアカンとぼやきつつ観戦するのがいい。

ファン同士の一体感なんて気色わるい。そんなもん、いらんわ。

阪神タイガースを日本酒におきかえても同じこと。

ひどく人見知りするし、群れるのはイヤだ。疲れる議論なんかパスしたい。

基本的に、自分は世間に受け入れられないという思い込みが強い。

だから、ごくごく少数の気の置けない人と交われば、それで満足できる。私は彼らのいうことを拝聴するし、彼らもこちらのいい分に耳を傾けてくれる。

みんなナイーブでやさしい人たちだ。私も彼らに対してこうありたいと思う。

にもかかわらず、私はたびたび日本酒の会に顔をだす。

居酒屋での十数人規模のもあれば、催事場が満員になる大イベントだってある。たまに登壇したりもする。人嫌いだが、ロックバンドで歌とギターをやっていたから、大勢の前にでるのは平気だ。もっとも、えらそーなご高説をたれるのはいかがなものかとあとで悔悟する。猛反省する。だが、後悔は先に立たぬと相場が決まっている。

酒の会におもむくのは、いくつかの蔵が自慢の酒を携えて集まるからで、勉強や取材にはうってつけだ。まして、懇意の蔵元や杜氏が参加すると知れば立ち話くらいしたい。新酒が出品されれば、襟をただして唎《き》いてみる。

見知らぬ蔵のうまい酒と出逢えれば、よろこびはひとしお。

この本で取り上げさせていただいたいくつかの蔵は、酒の会がとりもつご縁だ。

蔵の数は愉しみのバロメーター

東京では、毎日いくつかの酒の会が開催されている。

驚くべき数というべきで、やはり日本酒ブームがきているのだろう。

日本酒の会にも種類があり、鑑評会あるいは卸会社の催す会にシロートが潜りこむのはむつかしい。だが、無理に門をこじあけずとも、一般ファン対象の催しはたくさんある。ネットをあたれば、それこそゴマンとある。

出展蔵の数は愉しみのバロメーターとなるだろう。

ことに小さな蔵の銘酒は、名前や評判こそ知っていても、なかなか呑むことがかなわない。日本酒の会は、そういう蔵との邂逅《かいこう》の場を演出してくれる。

なかには、どの会でもみかける蔵があり、当主は地元にいなくて大丈夫なのか、ひそかに東京で妾宅を構えているのではないかと勘繰ってしまう。

蔵が単独で行う会もある。これは知名度と熱意あるファンなしに成立しない。

一度や二度なら採算度外視でいいだろうが、毎年となれば、かなりの実力が必要になる。「大信州」は、地元の松本ばかりか東京でも大盛会、広い立派な会場を埋めた客をみるたびに圧倒される。こういう蔵はそうそうたくさんない。

一般的な日本酒の会は、入場料が最低で三千円ほどだろう。酒は入場時に配られる小ぶりの盃かグラスで呑む。これが記念品になる（きっちり回収される場合もある）。

会場に入れば各蔵がブースごとに並び、客はめぼしい酒を試飲していく。

純米大吟醸から純米クラスまで数銘柄が準備され、蔵の全銘柄制覇も夢ではない。パンフには採点表やら、お気に召した酒を問う欄があったりする。臆することはない、大事なのは感性と偏見、世評や知名度に惑わされず、お好きな酒に「◎」をどうぞ。

酒は、氷を満たした容器に瓶ごとつっこんで冷やしてある。

氷を補充せぬ蔵のは、自ずと冷や酒（常温）になるから、いっそう酒の実力がはかれるというものだ。さめると味のバランスを崩す純米酒、瓶詰めのときに安モンの香水をたらしたのではないかと訝《いぶか》しい吟醸酒……こういうのには「×」をくれてやる。

なかには、燗銅壺《かんどつこ》を用意している蔵があってよろこばしい。

料理はブッフェか屋台形式のフリーフード、近年だとキャッシュオンで支払うケースが増えてきた。人気の肴は瞬く間になくなり、めったに補充されない。私は料理あさりを放棄し酒だけ呑む。そも、食べ物のために並ぼうという熱意と発想がない。

へなへなの紙皿に、ちびっとだけ盛った料理を立って犬食いするのには抵抗がある。

いつだったか、佐賀の酒の会でいただいたローストビーフは絶品だった。

でも、あれ以外で記憶に残る美味はない。

まったく肴を出さない会もあり、それはそれで腹立たしい。

有名なホテル、料理屋での開催なら会費はぐ～んとアップする。しかし、ちゃんと料理と席が用意してあるし、立派なお土産もつくからそれなりに満足度は高い（はず）。

酒の会に参加の損益分岐点を突きつめれば、どれだけ酒を呑んでまわったかになろう。

だが、それゆえにあさましい挙動にでるのはいかがなものか。テーブルに突っ伏したり、へべれけの千鳥足というのはみっともない。麹がどう、酵母はこうとツバをとばして杜氏に詰めよる御仁にはヘキエキしてしまう。ある蔵元は眉をひそめていた。

「ペットボトル持参で、酒を満たして帰る人もいるんですよ……」

一方、酒を切らせてしまう蔵には、やる気あんのかと文句をつけたい。

ある会で、マスコミでよく取り上げられる蔵が早々にすべて品切れとなった。確かに、ここのブースには開場直後から長蛇の列ができていた。蔵元はそのことを、鼻高々にSNSでふれまわっている。

「主催者からいわれた最低限の分だけ持ってきたんだけど、ソールドアウトだよ」

これに「いいね！」と追従する輩もいるわけで、類は友を呼ぶのはホントのことだ。アホちゃうか、と私はいいたい。お前んところはそれなりに有名で、蔵も人気を鼻にかけているんだろ。だったら、客が期待していることは明白じゃないか。

そんなことすら理解できないなんて。来場者に対して失礼というものだ。

蔵の名（東北の蔵だ）をぶちまけてもいいが、武士の情けでこらえておこう。

ちなみに、ここよりずっと知名度があり、なにより酒質でまさるいくつかの蔵は閉会まで酒を切らしていなかった。

心構えしかり、接客態度しかり、酒の会は蔵の程度を知るバロメーターにもなる。

日本酒が観光資源になる日

日下部《くさかべ》耐史《つよし》はアントレプレナーにしてビジネストップだ。

日下部が起業した「シーエムワン」は、デジタルマーケティングのIT企業だが、彼のみならず会社ぐるみで日本酒ビジネスへの肩入れがすさまじい。「郷酒《さとざけ》フェスタ」「和酒フェス・in中目黒」など、東京ではすでにメジャーな酒の会を企画・運営するほか、ネットマガジン「酒蔵プレス」の編集と配信、香港をはじめアジアでの日本酒イベント開催にも積極的に取り組む。

日下部は浅黒い肌、長身で肩幅のひろいがっちりした身体、切れ長の眼がときおり鋭く光る。鳥取大学工学部から大学院へ進み、社会開発システム工学を修めたマスター、院を卒業して七年ほどNECで活躍していた。

「二〇〇〇年にIT企業を起業、一二年にそれをバイアウトして一四年からいまの会社をスタートさせました。ベンチャー、つまり挑戦することが僕の基本姿勢です」

とびだすセリフはなかなか勇ましい。だが彼は、七夕生まれというから、生来のロマンティストかもしれぬ。

いや、私が深く敬愛する開高健尊兄によれば、すべからく、酒呑みはさびしいセンチメンタリストたるべしなのであります。

さっそく日本酒の話をふると、日下部はちょっと下をむいた。

「実は長いあいだ、日本酒が苦手でした。大学で体育会野球部しかも寮生活でしたから、コンパのたびに安い日本酒をイッキさせられ、こんなまずい酒はないと思い込んでしまったようで……トラウマになっていました」

待て待て、日下部に罪はない。「日本酒＝まずい」と「イッキ強要＝悪酔い」の等式から「日本酒嫌い」に導かれる定理は、私の学生時代にもう確立していた。

哀しいことに、負の歴史は綿々と受けつがれている。日下部より二十年以上あとの世代の学生たる私の息子もまだ、「呑ミホ（呑み放題）で出てくる日本酒ってマジ、まずい」と唾棄するのだ……。

いいものなら（それなりに）高くても仕方ない。これは私の信条だが（諦観でもある）、安いからまずいだなんて、呑み手ばかりか、つくり手にとっても不幸であろう。


「だから、むしろ梅酒や焼酎に興味がありました。しかし、それが山形の米沢にある『小嶋総本店』、福島は喜多方の『大和川酒造店』といった蔵の酒に親しむようになって、一気に偏見が払拭され、大の日本酒党になりました！」

ふむ、小嶋総本店といえば、「東光」が有名だけど、私は「洌《れつ》」のひたすら、きれいな呑み口に一目おいている。大和川酒造店なら「弥右衛門」だ。こいつの純米を冷や酒（常温）でいただきたい。米のうま味、甘味と酸味の綱引きの妙ときたら……なんてことを独りごちたら、たちまち日下部の顔が輝き、身を乗り出してきた。

「いい日本酒はうまい。そのことを僕なりのやり方で広めていこうと、新しく起業した会社では日本酒をひとつの柱に据えたんです」

日下部の仕事ぶりは観光庁から認められ、「酒蔵ツーリズム推進協議会連携プロジェクト」に選定された。これは、酒蔵見学や酒づくり体験など、日本酒にまつわるあれこれを観光資源として育成、活用していく試みだ。

地域一体で日本酒を盛りあげ、インバウンドの目玉にしよう、がっぽり儲けてやろうという役所とビジネスマンの安易な下心、それはそれで、まあええではないか。

日本酒が優良コンテンツ扱いされるとは、少し前まで誰も予見できなかったことだ。

女子だけの酒の会

「日本酒は正直、バーチャルな世界とまだ相性がよくないと思います」

しゃれた映像と音楽で蔵を演出し、酒の実売をも見込んだトータルなソフトコンテンツ——それをネット配信するのが日下部のビジネスの一端だが、経費はかさむし蔵のネット理解も浅い。早い話が、現時点では商売になりにくい。

「だから、ＩＴ企業があえてリアルなビジネスに乗りこんでいったんです」

日下部が手掛ける日本酒の会は、私の知るかぎりいずれも大盛況だ。

「そこは本来の仕事の腕の見せどころ、ＳＮＳや映像サイトをはじめネットツールを使ってかなりの数を動員しています。決済もネットでこなしています」

ネットからの参加といっても客は決して日本酒オタクや偏向したマニアではない。酔うためよりも、酒との出逢い、新たな発見に期待する客が多い。

「シニアよりも若い層に圧倒的な人気、女性が中心です」

ことに郷酒フェスタは女子が主体の酒の会となっている。

本来ならば男子禁制だが……私も郷酒フェスタを何度かのぞいてみた。

三十代とおぼしき淑女たちが、二、三人連れでやってくる。これがボリュームゾーンとみたが、二十代前半もいるし、単独行のソロ呑み女がちらほら。少数ながら、和服を見事に着こなす老女の佇まいは実にすてきだ。

郷酒フェスタの蔵と酒の選定は、硬軟とりまぜバランスがいい。

会場を一周すれば、ドンピシャとはいかずとも、好みの酒とめぐりあえるだろう。肴は五百円見当で別途に金を払う。女たちは夜店を冷やかすように、気軽に愉しんでいるようにみえた。

うまい日本酒の功徳で、どの顔もいい感じでほてり、たおやかに和んでいる。

なにより、男の眼がないというのは、彼女たちにとってリラックスの要因かと思う。

「郷酒フェスタにいらっしゃる女性は意識高い系です。蔵元を知り、酒を知るだけでなく、組み込んだアトラクションに注目してくださるし評価も上々です」

私が日本酒の会でしばしば壇上にあがることは前記した。

だが、いかに吼えようと、やおらシャツを脱ぎすて肉体美を披露しようが、みんな酒に夢中でまったく注目してくれない（私が客の場合、やはり舞台でなにが起こっても、おかまいなしに酒を呑んでいるけれど）。

ところが、確かにこの会では、多くの客が猪口を片手にステージ前へ集まってくる。

「意図して和の文化のアトラクションを仕掛けています。日本酒と和の文化、やっぱりすごくリンケージしますもんね」

リンケージって、そんなの当然、日本酒はまさに和の文化の精緻、神髄ですぞ。

日下部の仕掛ける和のイベントはバラエティに富む。

書道、和太鼓や和楽器の演奏、和の装いに小物教室、なんと忍者のパフォーマンスまで登場する。日下部も和装で会場を飛びまわっている。

和の文化へのとっかかりとしては充分なメニューだろう。マスコミだって取材にきてくれよう。だが、今後の課題は、表層から深部へどう彼女たちを誘っていくかだ。

本質を知らしめるなら、精神性が高くならざるをえず素養と教養が必要になる。

日本酒文化の入口で多数を囲い込むか、あるいは高みへセグメントしていくか。

日下部の、今後の大きなテーマがそこにある。

日本酒をめぐるビジネスネットワーク

日下部プロデュースの日本酒の会が盛況なのは前述した。

「おそらく、日本酒の会の多くは赤字かギリギリじゃないでしょうか。僕らは潤沢とはいえないけれど利益を出し、参加した蔵と来場者にも高い満足を提供しています」

客だけでなく蔵にも評判がいいというのは、日下部の強みだ。


「お酒のイベントは本当にキツイ仕事です」

日下部がこういうのも、むべなるかな。私もしばらく広告の世界でイベントの企画・運営に携わってきたから、彼の気持ちはよくわかる。

まずは企画をしっかりたて、来場者から酒蔵、出演者、運営スタッフ、会場貸主、各種メディアに細かく気配り、配慮せねばならぬ。半年前から準備をはじめ、関係先との折衝にあたる。イベント当日は予定通りの進行を心がけ、来場者の安全に尽力、終了後はすみやかにレポートを作成して各位に報告。イベントがうまくいかなかったり、集客でしくじったりすると、当然ながらクレームがくる。

それでも、日下部は蔵とファンのために、がんばっているという。

「小企業、零細企業の多い日本酒業界は派手な広告なんて打てません。その意味で日本酒の会は格好の宣伝の場、来場者の声をきく場にもなるわけです」

日本酒の会は宣伝広告やマーケティング費と割り切っているわけか……。世の中には、付き合いという厄介があるし、頼まれれば断れないケースもあろう。

そういえば、戯れながら、好みの酒蔵に大集結していただき、「マスダの酒池酒林ナイト」をやらかそうかとほざいたら、ある日本酒関係者は存外にまじめな顔でいった。

「簡単、かんたん。蔵に声をかけ、あとは企画運営者に放り投げればいいんだ」

さすがに、私もびっくりした。日下部は蔵がかかえる事情を説明してくれた。

「蔵は酒を出荷したら、そこから先の流通は他人まかせになってしまいます。だから、蔵にとっては、直接たくさんのお客さんと交流できる日本酒の会は貴重なんです。新しいファンづくりの場になるし、ダイレクトマーケティングもできる。ウチの会には数千人を動員することもありますが、それだけの消費者の声を拾うことが、蔵にとって貴重なデータになります」


日下部のイベントでは蔵から数万円の出展料こそとるが「イベントの企画・運営代金やネットでの多面的な広告出稿の代金として相殺とご理解いただいています」とのこと。

酒を会場で直販することもあって、来場者と蔵の満足度をアップさせている。

「日本酒の会では来場者と蔵、僕たちがウイン－ウインの関係を築かないと意味がありません。日本酒のひろい裾野を知ってもらうため、リアルなイベントの成果をネットへとつなぎ世界へと発展させていきます」

日下部はたびたび「新しいハブ」「クロスメディア」を口にした。日本酒をめぐる、新しいビジネスプラットフォームをつくることが、日本酒業界の発展に寄与するはずと意気盛んだ。

「日本酒は世界に通用する優秀なコンテンツ、それを証明したいです」

うまい酒は人を集め、人を動かす

先般は、大阪で「上方日本酒ワールド」という日本酒の会にいってきた。

春の大型連休の晴天の一日、大阪天満宮の境内に十九の屋台がひしめき、名うての飲食店と蔵のコラボ、一店に一蔵のかたちで料理と酒を供する。

酒は「竹鶴」「ひこ孫」「辨天娘」「玉櫻」「扶桑鶴《ふそうづる》」「天穏《てんおん》」と熟成系のうまい酒が眼についた。他方では「口万《ろまん》」や「蒼空《そうくう》」「山形正宗」なんぞも人気を呼んでいる。

ずっとお逢いしたかった「杉錦」(杉井酒造)の杉井均乃介代表兼杜氏が出展され、ご挨拶できたのは、望外のよろこびだった。私のように、日頃の行いが善いとしあわせに恵まれる。

それにしても、初詣も凌駕しそうなえらい人出だった。主催者のひとりは、「これが東京だったら一万人どころか二万、三万人の動員になる」と鼻息が荒かった。

「獺祭があれへんやん。オレ、獺祭しか呑まへんね」こんな大声もきこえてくる。

私は盛況をみとどけ、初夏のきつい日差しに汗をぬぐいつつ会場をあとにした。

その前夜、「残念会」という、熟成した酒を燗で愉しむ有志の集まりの代表・角田《すみだ》幸茂《ゆきしげ》さんと呑んだ。会名は「傍からみれば、いっつも燗酒なんて残念な人でしょうが、私らにしたらこれを知らんのは実に残念」に由来しているとか。

なかなか、ひと筋縄ではいかぬ御仁ではある。

腰を据えたのは大阪市中央区南新町の「蔵朱《くらしゅ》」、無骨で無口な主人が奥さんと切り盛りしており、錫の酒器で供される燗酒のチョイス、料理との相性の妙に感心させられる。ちなみに店名とジョー・ストラマーが率いたパンクバンドは関係ない。

上方日本酒ワールドは、蔵朱をはじめ「よしむら」「かむなび」ら三軒の呑み屋の主が語り合って二〇〇九年にスタートさせ、いまや関西屈指の酒の会となった。

残念会のメンバーもボランティアで会場運営に参加している。

やがて店内には明日のイベントに参加する飲食店や蔵の皆さんが続々と集まり、騒然としてきた。顔見知りの東京の居酒屋のメンツもいて私は眼を丸くした。

日本酒のために喜々として働く有志、各地から馳せ参じる面々。これが日本酒の会を支える原点になっている。そのことを痛感した。

うまい酒の魔力、日本酒の酔いは人を集め、人を動かす。

第八章　福島の親分――末廣

（末廣酒造／福島県）

「まさに八方ふさがりだった」

新城猪之吉《しんじょういのきち》は、がっちり固太りした身体をパイプ椅子に押し込んだ。いうべきことは、とっくに暗唱できる。それでも、念のために原稿をひらいた。デスクに並ぶマイクは優に二十本以上ありそうだ。

軽く空咳をうつと、たちまち、最前線に並んだおびただしいカメラのフラッシュが放たれた。銀色の光が炸裂し微かな粒になって襲いかかる。

新城の脳裏に、あの日のことがよみがえった。

二〇一一年三月十一日十四時四十六分――東日本を襲った自然大災害の猛威は、福島県の日本酒業界も直撃し多大な被害をもたらした。

あれから二十八日目の四月八日、新城は福島県庁に集まった大勢のマスコミを前に声をはりあげたのだった。

「福島の日本酒は安全です。蔵の水、瓶詰めした酒、タンクまですべて調べました。放射能汚染の危険はありません、大丈夫、安心して呑んでいただきたいです」

新城猪之吉は福島の日本酒のドンというべき存在だ。

会津若松市にある老舗の銘醸蔵「末廣《すえひろ》酒造」の当主としてだけでなく、日本酒造組合中央会から東北ブロック、福島県、地元にいたる酒造関係団体で要職を務めている。

そればかりか、新城を語るにふさわしいエピソードがある。

彼が担がれたり、自らすすんでトップやそれに準じる立場にある団体や事業を列記していったら、なんとA3のコピー用紙いっぱいに、びっしり連なってしまった――福島県文化事業団、県観光物産協会、蒲生氏郷《がもううじさと》公顕彰会、会津若松市教育委員会、会津高校同窓会、会津ふるさと映画祭実行委員会、会津ふれあい通り商店会……FM局では新城がパーソナリティーの番組もある。

そして、なにより彼の人情味あふれる言動と人柄、影響力と実行力を知れば、ドンと呼ばれることが納得できるのだ。

地震の禍《わざわい》は東日本各地ばかりか北海道にまで広がった。

震源地の福島県が受けた災厄は、いまにいたるまで深刻な傷あとを残している。ことに、福島の酒をはじめさまざまな農水産物は、放射能汚染という、のっぴきならない事態に呑みこまれてしまった。

「まさに八方ふさがりだった。蔵が壊れたり、酒がタンクからこぼれ流れてしまったんなら、一から建て直したり、新しく醸造するという再生の道がある。だけど、放射能に汚染されちまったら、福島の水を使い、福島の地でこさえた酒は呑めないモンになっちまう」

新城は腕を組んだ。深いため息をついた。じっと眼をつぶった。

「…………」

だが、考えをめぐらそうとするたび、目の当たりにした郷土の荒廃、津波の脅威の残像が襲ってくる。亡くなったり、行方不明のままの人がいる現実を前にして、あまりに非力な自分がうらめしい。早々に妙案が浮かぶものではなかった。

それでも新城は己を鼓舞した。絶望してはいけない。きっと突破口はみつかる。

いや、探し出さなければいけない。

「風評被害、こいつにやられた」

新城のもとには、県の酒造組合から、刻々と各蔵の状況がよせられた。

新城は自問する。

「どうする、ここで福島の意地をみせるか。それとも白旗あげるか？」

「酒はつくりたい。けど、誰が呑んでくれるんだ。今は待つしかないんだろうか」

県内や近隣の地域で、酒の需要が急に回復するとは、さすがの新城も思っていなかった。

「だからこそ大都会だ、東京で福島の酒を売り込めばいい」

県外へ居を移さねばならなかった人たちも大勢いる。彼らに郷土の酒を呑ませてやりたい。そして、新城の胸裏には、ちらと秋田や山形、宮城など〝酒どころ〟と呼ばれる東北勢のことが浮かんでいた。銘醸地と呼ばれる県の酒は首都圏を核に県外でファンをつかんでいる。

「福島の酒蔵ががんばっていることを知ってもらい、これをきっかけに、うまい酒だとわかってもらおうじゃないか」

新城の心は決まった。


だが、一度ぺしゃんこになった県下の酒蔵の気持ちに再び火をつけることは、簡単ではない。必死に息を吹きつけ、せっかく火種が赤くなっても、炎はちょろりと姿をあらわすだけで、すぐ消えいってしまう。

「そういうときだったね、岩手の『南部美人』の久慈浩介君が、ユーチューブを使って東北地方の酒で花見をしてくださいって呼びかけたのは」

それは「ハナサケ！　ニッポン！」キャンペーンだ。義援金や援助物資とは別に、東北の産物を買い、呑み、食べてもらうことで、日常生活の営みのなかから被災地を応援しようというものだった。

新城も、改めてこのメッセージに奮い立った。彼は吼えた。

「秋に酒をこさえたいんなら、いまタンクにある酒を売り切って新しい酒を入れるスペースを空けなきゃいかんぞ」

新城はいまさらながら、あの、日本国中を巻き込んだ熱気を思い出す。

「五月からだったね。東京・赤坂でのイベントを筆頭に全国で絆や復興、支援をうたった催しをたくさんやってもらいました。飲食店や酒販店でも、『がんばろう東北、東北の酒を呑もう』の機運が盛りあがった。福島の蔵は、ありがたいと手を合わせて感謝したもんです」

ムーブメントは大きな副産物を日本酒業界にもたらした。

日本酒になじみのない人も、このときばかりは注目してくれたからだ。

「こと福島とか東北っていうだけじゃなくね、あのキャンペーンはすごい意義があったと思う。だって、多くの人たちが日本酒ってこんなにおいしいもんだと知り新鮮な驚きを受けたんじゃないかな」

新城の推察は的を射ている。事実、この年を機に、日本酒は一九七〇年代半ばから続いてきた、長い長い暗闇から抜け出す。転がり落ち続けていた数字が、ようやく底をうったのだ。

また酒質改革、製造ラインナップの見直しも急ピッチでなされた。

「東京をはじめ全国に打って出るには、地元仕様の普通酒では売れない。ハイグレードな吟醸酒や純米酒しかない」

新城はいたずらっ子のように、してやったりとばかりの笑みを浮かべた。

「だって東京のお客さんが酒を買いにいくデパートや専門店の品揃えを想像してみてよ。純米吟醸酒クラスこそが地酒のチャンスを広げる。そこにより酒質の高い酒をぶつけるんだ」

だが――新城の笑顔はほどなく苦悶の表情にかわった。

「風評被害、こいつにやられた。風評被害ほど手強い敵はいない」

地震のあった二〇一一年こそ、福島の酒の売り上げは前年比十パーセントアップとなり蔵元たちをよろこばせた。

「ところが一二年は反対に二十パーセント減、震災前の一〇年よりも悪い成績になっちまったんだ。すべては風評被害のせいだよ」

東北の蔵には、震災を機に活況を呈したと噂される蔵もある。

私が業界のあちこちに首を突っ込んでいると、都内の酒屋でこんな声をきいた。

「前年比で百三十パーセントもの増産を続けた蔵もあるそうですよ。そうなると、製造設備を増設しなければ追いつけないでしょう。あるいは〝桶買い〟ですね」

「桶買い」とは、他社の酒を買って瓶詰めし、自社ブランドとして売ることで、酒を他の蔵に提供するのは「桶売り」だ。税務用語では「未納税出荷」と呼ばれる。酒は卸なり酒販店など流通にのせるために蔵から出た時点で酒税が課せられる。だが桶買い、桶売りは酒を「原料」としてやり取りするので、あくまで未納税であり、違法行為でもない。

かつて灘、伏見の大メーカーが規模はもとより権威、酒格とも地酒蔵を圧倒していた時代があった。戦後の昭和期もしかりで、当時は大メーカーによる地酒蔵からの桶買いがひろく行われていた。大メーカーは、自社の酒として売るのだから、酒質の高水準化を求め指導にあたった。このおかげで、多くの地酒蔵が技術面で恩恵を受けたという側面がある。

しかし、当節は地酒蔵の力が著しく伸長し、地酒がうまい酒のイメージをリードしているといっていい。前出の酒屋は憤るのだ。

「お客さんは地酒蔵の酒が、一所懸命に心をこめて醸したものだと思ってくださっています。それだけに、買い桶は裏切り行為と受け止められる危険性もあります」

噂された蔵の実態を私は知らない。しかしながら、かような風説が流れるのもまた、地震の生んだ風評被害のひとつといえよう。

新城にこのことを質問すると、彼は即答してみせた。

「福島はもちろん、東北にそんな酒蔵はないと信じています」


福島の酒造業界を叩きのめした風評被害はいっかな収束しなかった。

原発事故報道は不穏な調子を基調とし、福島の印象を悪いほうへしか導かなかった。

「放射能汚染のイメージは強固だ。定着してしまう前に何とかしないと」

だが、風評被害は福島の全産業を直撃し深刻な営業不振をまねく。新城のもとには福島各所からの悲鳴が届いた。

「とりわけひどかったのが飲食やホテル・旅館だ。会津若松市だけでも軒並み六割の売り上げ減、中には前年比一割にまで落ち込んだホテルもあった。観光業はいわば福島の基幹産業だからね。そっちの不振は酒造業界も直撃することになってしまう」

全国に散らざるを得なかった県民もまた、学校や職場で原発事故にまつわるあれこれを理由に、いじめや嫌がらせを受けている。

復興キャンペーンでも、福島県は邪魔もの扱いをされるようになった。

「……がんばれ東北キャンペーンは、ビジネスチャンスだったからなあ。支援より己の商売を優先させるやつらもいるってことだよ。平気で福島を外して〝東北五県フェア〟をやったんだ」

人一倍、負けず嫌いの新城は歯嚙みした。

「会津の反骨精神をみせてやる」

地方の名士としての矜持と責任

会津若松市は福島県西部に位置する。

新城がトップをつとめる会津若松酒造協同組合は猪苗代町、磐梯町を含んだ十二蔵が加盟している。中でも新城が当主の「末廣酒造」は歴史と知名度、酒質などにおいて、この地ばかりか福島を代表する酒蔵といえよう。

会津若松は磐梯山、猪苗代湖など風光に恵まれ、市内には鶴ヶ城や戊辰戦争にちなんだ史跡が多い。人口十二万人余りの、この地方都市は、年間三百五十万人が訪れる観光都市であり、酒造業は地場産業としてだけでなく、観光資源として一翼を担っていた。

新城の口ぶりには、歴史と実績に裏打ちされた自信が感じられる。

「酒屋の創業は嘉永三年（一八五〇）、家系をたどると二本松藩の家老で弾正って名のご先祖にいきあたる。新しい城をまかされたから、新城って苗字になったわけだ。新城家の連中は、伊達が攻めてきたとき会津へ逃げ、地下に潜ったみたい。蒲生氏郷が秀吉の命で伊達を追い出してから、新城家は武士じゃなく商人として活動をはじめたってことなんだ」

先祖はここでうまい水と出逢ってしあわせだった、と彼はいう。会津の水は奥会津や尾瀬などの雪どけ水、猪苗代湖が水源の流れなどが基調で、各所に湧水が出る。米作も盛んな土地であった。

「氏郷公は酒づくりを奨励した。その流れは会津藩家老の田中玄宰《はるなか》が、酒造を富国の柱にして確固たるものになったんだ。敬意を表して、末廣酒造では『玄宰《げんさい》』って大吟醸や純米大吟醸の『氏郷公』をこさえている。どれも、うまい酒だよ」

新城が蒲生氏郷公顕彰会をはじめ、市の文化や歴史の啓蒙活動にことのほか熱心なことも思い出していただきたい。

猪之吉は代々の当主が受け継ぐ。

七代目の猪之吉は一九五〇年生まれ、慶応大学法学部を卒業後、協和醗酵に奉職し洋酒のプロモーションで存在感をみせつけた。

四十三歳のとき蔵を継いだ。六代目たる父が、同じ年齢で当主になったのも意識してのことらしい。

「酒造大不況に三増酒の撤廃、地酒や吟醸なんかのブームと大波小波に荒波を乗りこえてきた。だから、今度の風評被害も何とかしなきゃ」

末廣酒造には、会津市内の嘉永蔵と大沼郡会津美里町にある博士蔵がある。

標高一四八二メートルの博士山の麓にある博士蔵では、新鋭機器を導入しつつ、酒づくりの人知を存分に投入する酒づくりを行う。

市内の繁華街にほど近い嘉永蔵は、古くから連綿と蔵を営んできた風格にあふれている。酒の仕込み水でもある湧水が市民に供され、ペットボトル持参の人が絶えない。

木造三階建の家屋と蔵は、さながら酒造歴史館であり一般公開されている。野口英世の養父であり、最大の支援者だった小林栄が、新城家と縁戚関係にあったというのも特筆に値しよう。

「この建物は今回の地震で壁が少し落ちたくらい。一流の宮大工がこさえただけのことはあるね」

ほかにも古いカメラの展示施設やコンサートホールも併設されている。

いずれも当代蔵元の彼の時代の産物だ。

「オレもストーンズやビートルズが好きなんだ。渡辺貞夫や加藤登紀子なんて有名どころのミュージシャンもここで演奏してくれるんだよ」

映画祭では蔵の白壁がスクリーンとなる。

「地元が文化的に興隆してほしいし、結果的に観光客を呼び込めればいい。酒蔵というのは地方の名士だったわけで、土地の文化を盛り上げてきた歴史がある。これからも、できる限りのことをやっていきたいね」

金賞蔵数が五年連続日本一に

風評被害をはね返すため、新城ら福島勢は、酒質と酒格で公に認められる戦術をとった。

「福島の酒が全国新酒鑑評会で最高栄誉の金賞をとる。しかも、それを何年も続ける。これが成功したら、福島の酒をみる世間の眼は変わる」

現在、日本酒のコンテストは国内外でいくつも開催されている。その中にあって全国新酒鑑評会は、明治末期以来の歴史と権威を誇り、他の催しとは一線を画す。

鑑評会は、酒類総合研究所（旧・国税庁醸造研究所）と日本酒造組合中央会の共催で実施される。審査の対象はその年に製造された清酒、審査には、主催団体や国税関係の鑑定官、各県醸造試験場などから厳選されたツワモノたちがあたる。熟練の杜氏であっても、かならずしも金賞を勝ち取れるわけでない。

酒造組合は、酒質向上に取り組む県ハイテクプラザの研究者と手を携え、清酒アカデミー職業能力開発校を設立した。

「福島は人材育成にも官民一体。ベテラン杜氏の技を個人の宝にせず若手へ受け継いでいく。夏暑くて冬寒いってのは、稲作と酒づくりに最適の気候条件なんだし、その気にさえなりゃ、福島は絶対に成果を残せる」

放射能検査には念をいれた。当初は東京の分析専門会社から、一検体で二万五千円、つまり米と水、酒だと七万五千円といわれたが、新城はもっと安価な会社をみつけてきた。それでも一検体で一万五千円した。

「しかし、小さな蔵には負担が大きい。なんとかできないかと、いろんな方面にかけあったんだ」

現在は県ハイテクプラザが無料で検査する体制になっている。

新城は酒づくりに、いかにも彼らしい注文をつけた。

「オレの信念は不易流行。日本酒は国産の米と水を使ってホンモノをつくるべきだ。同時に、必要な新しい技術は積極的にとり入れていく」

はたして、福島は二〇一二年の全国新酒鑑評会で金賞蔵数が日本一となった。そればかりか、一七年現在で五年連続日本一を達成している。

五年連続は西の銘醸地として名高い広島県に並ぶタイ記録だ。

香りが上品で、芳醇なうま口の酒。そのくせ軽やかでスッキリ、米の味はもちろん甘味、酸味のバランスがいい。福島の酒を、過不足なく概論すればこうなるだろう。

末廣酒造も金賞蔵の常連になった。だが新城は頬をゆるめない。

「連続記録の更新はめざすが、目標はもっと先にある！」

新城が積極的に推進しているのは、県内産の酒造好適米の開発と安定栽培。ライバルたる秋田や山形には、この分野でリードを許している。

「金賞をとったのが、兵庫産の山田錦ってことなら他人のふんどしで相撲を取ってるようなもんだからね」

京都市で採択され話題になった〝乾杯条例〟を、県や会津若松市をはじめ県下に働きかける運動でも先兵になっている。

福島県酒造協同組合に加盟する蔵数は二〇一七年夏現在で六十一、震災で酒づくりを断念したのは浪江町の二軒と双葉町の一軒の合計三蔵だった。浪江町の鈴木酒造店は、山形県長井市へ移転して再興を果たす。この蔵の「磐城壽　あかがね」はストロングな呑み口と、熟成ならではの幅のある豊潤さがあいまった銘品だ。

「県民の皆さんには、鑑評会金賞に裏うちされたうまい酒を、オラが町の酒だと誇りをもって呑んでもらいたい」

こういって、新城は破顔一笑した。

平成の銘醸地・福島、その酒はまだまだ進歩しそうだ。

新城の想いは大いに理解できる。

僭越《せんえつ》ながら私見を加えさせていただくと、この金賞蔵数日本一を達成している間に、福島の各蔵は純米吟醸系の酒だけでなく、普通酒の意義を再発見したように思えてならない。

いくつかの蔵は、いまあえて「地元のファンのための普通酒」を掲げている。しかも、その酒が軒並みハイレベルなのだ。

これは、震災を機に地元をより強く意識するようになったこと、鑑評会での金賞を目指す酒づくりのノウハウが、普通酒にも大いに反映されるようになったからだろう。福島の酒は、特定名称酒ばかりか普通酒もうまい！

「ならぬことはならぬものです」

新城親分とじっくり盃を交わした。

会津若松の奥座敷、東山温泉にある旅館「芦名」だった。

とびきり熱い温泉にじっと首までつかって真っ赤になったあと、囲炉裏を設《しつら》えた、なかなか趣深い一室に案内された。

福島牛に天然イワナ、キジ、ヒヨドリなど地物のジビエを串で焼く。

新城は、茶目っ気たっぷりに、灰ならしで波濤やら雲を描いてみせた。

今宵の友は「末廣　伝承山廃純米」、冷や酒、次いで燗をつけていただく。

「この酒は明治末期からの製法を、そのままいまに伝承する山廃。山卸廃止酛を考案した嘉儀《かぎ》金一郎先生が、末廣の嘉永蔵でこの醸造技術を完成させたご縁と歴史が〝伝承〟に込められている。さ、どうぞ」

これこそは山廃のスタンダード、ふくよかでまろやかな呑み口の奥には、乳酸飲料のようなミルキーさが見え隠れする。甘み、酸味、辛さのバランスが秀逸でキレがいい。派手な酒ではないが、じんわりうまい。

魚に牛肉、ジビエ、どの肴にもすっぽり、うまくなじんでくれる。

信条たる不易流行を体現した銘酒、こうほめると彼はトボけてみせた。

「現代風のいかした美人じゃないけど、小粋で、ぽっちゃりした感じのいい女――そういう酒なんだよなあ」

会津若松市は、福島県のほかの市町村に比べ被害が少なかった。

だからこそ、不遇をかこった自治体への復興支援に積極的だし、原発事故避難者の受け入れ先としても早々に名乗り出ている。

「会津士魂がこの町にも、オレにも流れているんだ」

ならぬことはならぬものです――「什《じゅう》の掟《おきて》」はあまりにも有名だが、そのスピリットは二〇一三年に制定された「あいづっこ宣言」にも貫かれている。私なりに要約すれば「感謝、陳謝、我慢、正義、敬愛、前進そして不撓《ふとう》の精神」となろうか。

末廣の伝承山廃純米を交わし、心地よい酔いが兆した頃、新城が一首を朗々と詠んだ。蒲生氏郷の辞世だという。

――限りあれば　吹かねど花は散るものを　心短き春の山風

「風が吹かなくとも花は早々と散ってしまう。それなのに、春の山風はどうして短気に花を散らすのか……そういう歌なんだ。氏郷は己の人生のはかなさを悲しんだ。きっと、もっともっとやりたいことがあったんだろう」

新城と私は口をつぐみ、うまい酒と歌の余韻にひたった。

福島にも、こよなく酒を愛する、とびきりのロマンティストにしてセンチメンタリストがいる。私は敬意をこめ、新城の横顔をみつめた。

第九章　うまい酒をつくるということ——モルトウイスキー（ベンチャーウイスキー／埼玉県）クラフトビール（ファーイーストブルーイング／山梨県）

伝説の傑作シングルモルト

秩父には昭和の風情を色濃くのこした街並みが健在だ。

秩父神社の参道を中心としたエリアで、そぞろ歩けばカフェやレストラン、商家が点在する。時の流れのままに自然と居残ったのではなく、観光の思惑が色濃いのだろうけれど、あの時代の空気を吸ってきた私には、やはりここちよい懐かしさがあった。

そして、酒呑みのいじらしくも哀れな性《さが》、ついバーや酒屋に眼がいってしまう。

店先に並ぶ「武甲正宗」「秩父錦」の一升瓶をチラリ。窓越しに、十人が並べば満員になりそうなカウンターと酒棚にひしめく洋酒のボトルをみやり、ニヤリ。

その秩父からクルマで二十分ほど、小高い丘の上に建つ「ベンチャーウイスキー」の秩父蒸溜所を訪ねた。えっ日本酒じゃないのって、いずれ話は日本酒の盃に注がれるので、しばしお待ちいただきたい。

ベンチャーウイスキーは肥土《あくと》伊知郎《いちろう》が二〇〇四年に創設、彼が社長と蒸溜の最高責任者を兼務する。

肥土らの「イチローズモルト」は個性あふれるシングルモルトの傑作、海外の名だたる賞を受け、ウイスキーファンの間で伝説になりつつある。それにしても、肥えた土とは、味のあるいい苗字だと感心してしまう。

米と水の精華の滴が日本酒なら、ウイスキーは「命の水」、ラテン語 aqua vitae（アクア・ヴェテ）がスコットランドでゲール語の Uisge beatha（ウシュク・ベーハー）となり、酒呑みどもの舌のうえで転がるうち「ウイスキー」になったという――。

この蒸溜酒は大陸の東端の国にまで伝わった。いまやジャパニーズウイスキーはスコッチ、アイリッシュ、バーボン、カナディアンと並び五指に数えられる存在だ。

「資本に乏しく、大々的なマーケティングをしなくても、信じることを心をこめてやれば結果はついてくる。そうやって、自分やスタッフを励ましてやってきました」

肥土はこう話を切り出した。ユニフォームなのだろう、スタッフと一緒のポロシャツを着こみ、パンツはデニムだった。髪を手ぐしでかきあげると、生え際がMの字になる。一九六五年生まれの肥土には、年齢相応の落ち着きと滋味がにじんでいた。

「実家が日本酒の蔵でしたし、清酒の動向はいつも気にしています。このところ、生酛や山廃を醸す蔵が多くなり、微生物という観点から、ついウイスキーと重ねてしまいます。ウイスキーも大麦由来の菌類、イーストや乳酸菌といった微生物と仲良くやっていかねばなりません。蔵つき酵母というか、ディスティラリー（蒸溜所）に棲む菌類の影響だって大きい。やっぱり、自然のたまものの酒なんです」

肥土はバリトンがかったいい声で語る。私が口を開いたときは話の腰を折らず、じっくり耳を傾けてくれる。こういった姿勢、飾らず温厚篤実な人柄が、かの銘酒を生んだと知るだけでうれしくなってきた。

肥土の父は埼玉県羽生市にあった酒蔵の蔵元、肥土も東京農大を卒業したあとサントリーでの営業マンを経て実家へ戻った。祖父が日本酒だけでなく、ウイスキーを蒸溜していたものの、二〇〇四年に営業不振となってしまいこの事業を譲渡した。

「だけど、原酒四〇〇樽は廃棄処分になりましてね。わが子同然の洋酒が捨てられるなんて、とても正気じゃいられません。でも私には、ウイスキーの製造免許がない。福島の『笹の川酒造』に保管をお願いし、笹の川さんを発売元にして、なんとかイチローズモルト六〇〇本の発売にこぎつけました」

一方でベンチャーウイスキーを立ち上げ、手ずから全国のバーをめぐってシングルモルトを売り歩いた。二年余りの歳月をかけ、最初のイチローズモルトは完売する。

「この秩父蒸溜所は〇八年からです。モルトウイスキーは大麦のモルト、つまり麦芽だけを糖化させ、菌類の力で発酵へと進みます。そしてミズナラの新しい樽やシェリー、バーボンの樽などで最低三年は熟成させています」

シングルモルトの名称は、単一の蒸溜所の原酒だけに許される。

小規模蒸溜、人の感覚、じっくり熟成

ウイスキーの蒸溜所といえばニッカの余市、サントリーの山崎や白州などを見学したことがある。醸造、蒸溜にかかわらず、ものづくりの現場を拝見すると感心することばかりだ。ほー、へー、はァ……唇をOの字にして施設をまわっている。

秩父蒸溜所は大麦の甘くて香ばしい匂いにつつまれていた。

そして、日本酒の蔵にくらべてずいぶん暑かった。基本、蔵で高熱をともなうのは竈場と麴室くらいだが、蒸溜所はどこも暑かった印象がつよい。

大麦は、イングランド、スコットランド、ドイツから輸入、複数の国に分けているのは、それぞれフレーバーに個性があるのと、不測の事態に備えてのリスク分散のためだ。秩父産の大麦も使っているが、全体の一割程度。これが日本酒なら自県産、しかもなるべく蔵の近くの独占契約の田でとれた米、という流れになるだろう。

大麦は、素朴なビスケットというべきか、シリアルのフレーク、あるいは甘みのついた鹿せんべいの趣もあり……とにかく、鄙《ひな》びた味で日なたの匂いがした。

秩父蒸溜所では一回の仕込みで二千リットルの麦汁をつくり、ミズナラの木桶のウオッシュバック（発酵槽）で発酵させる。酵母ばかりか、木桶に棲みつく乳酸菌が独特のフレーバーをつくりだし、

一日半でマンゴー、パパイアのような芳香がたつ。

麦汁はポットスチルに送られ、二回の蒸溜を経て樽に詰められ熟成となる。二度目の蒸溜（再留）で最初に出てくる蒸溜液を「ヘッド」、真ん中が「ハート」あるいは「ミドルカット」「ニューポット」でここが最上部位、あとの蒸溜液を「テール」と呼び、ハートだけを熟成させる。ハートは仕込み麦汁の十分の一の量にまで減るそうだ。

日本酒も「あらばしり」が最初で順に「中取り」「押切り、責め」などといい、やはり中取りが極上とされるのだけれど、あらばしりの少し澱《おり》が混じった色目や若々しさ、責めのストロングぶり、苦渋の妙味は捨てがたい。

蒸溜液の部位の区別はカットポイント、それをノージングといって職人の卓越した嗅覚で判断する。また、カットポイントは天候や気温、蒸溜の出来により日々異なる。

秩父蒸溜所の生産能力は原酒で年間九万リットル、これは世界的にみて極小の部類に入るという。しかし、肥土が量ではなく質を追い求めているのは明白なこと。

「私が世界を見て歩き、そのエッセンスを集約させた蒸溜所です」肥土は胸をはる。

貯蔵庫は五棟あり、六千近い樽が眠っている。アメリカンホワイトオークを使ったバーボン樽の流用が多いけれど、国産のミズナラの樽も増えつつある。ミズナラの産地は主に北海道、これも肥土が探してきた。寝かすほどにジャパニーズモルトの個性たる、伽羅《きやら》や白檀《びやくだん》を連想させる深くて重めの芳香、砂糖のたぐいとは異なる独特の甘みが生まれる……日本酒の木樽でおなじみの吉野杉では薫りがきつすぎるらしい。

特筆すべきは蒸溜所、倉庫とも徹底して清潔で整理整頓されていたことだ。そこに、卓越した技をもつ職人が働く場の原点をみることができた。

掃き清めれば清潔衛生が果たされるだけでなく、気分一新、気合いも入る。いい仕事のためには、人の動きや視線の配りがスムーズになされ、手順や段取りを効率よくさばかねばならない。職人たちが清掃と整理整頓にやかましいのは、つまるところいい仕事をするためなのだ。

こうして「小規模蒸溜」「人の感覚の役割が大きい」「じっくり熟成」と並べられたら、酒呑みの琴線は激しくかき鳴らされる。手づくり幻想と笑われようが、五感なんてアテにならんと諭されようが、酒呑みは聞く耳をもたない。

身近な酒であるほど、人のあたたかみを感じたくなってしまう。

つらい夜は、そういう酒にそっと肩を抱いてもらいたい。

なにしろ、こちとらセンチメンタリストにしてロマンティストなのであります。

「ベンチャーウイスキーでは、大麦のゴミを取り除くところから人海戦術です」

肥土は、金がないから機械を導入できないと苦笑するが、もちろん悪びれていない。

「サニテーション（殺菌）はじめ、いろんな工程で人手を使うわけなんですが、スタッフにはとてもいいトレーニングになります。仕込みでは機械まかせにせず、色合いや艶、香り、ときには手ざわりなどをチェックし、技とカンを養うんです」

ノージングやテイスティングの経験を積み、磨くほど、いいウイスキーのつくり手になれる。「ウイスキーづくりって日本酒に似ていませんか」と、反対に肥土から質問され、深くうなずく私であった。ただし、肥土のようにピュアで、酒質第一の道を邁進している蔵がどれだけあるのか、ちと心もとないところもあるのだけれど……。

個性で勝負するには、まず高品質を

イチローズモルトによって地ウイスキーは面目を一新、近年ではクラフトウイスキーと称される。肥土らは「地」になすりつけられた軽侮をそそぎ、「手づくりの逸品」のニュアンスを勝ち得た。量で大メーカーや海外ブランドを凌《しの》げずとも品質と個性、名声でまさる——なんとも小気味がよい。

ベンチャーウイスキーは国内の中小ウイスキーメーカー八社の中で最新参、ほとんどが清酒や焼酎を手掛けているなか、唯一の専業メーカーだ。しかし、肥土に続けと新規参入する会社が増えてきた。日本酒の有名な蔵が色目を使っているという噂もある。

ふってわいたようなプチブームについて、肥土はきわめて彼らしく自然体で語った。

「新規参入されるメーカーは最初から差別化、個性化を強く打ち出そうとしています。ただ、私見をいわせてもらえれば、大切なのはテイストの安定化や標準化を果たすことであって、個性はそのあとでつけてもいいと思います。酒づくりはなによりもまずスタイルを確立すること、型を身につけるのが大事なんです」

型の習得を重視するのは伝統芸能しかり、職人の神髄あるいはクラフトマンシップもそこにあり、これは洋の東西を問わない。かつては身体つきで職人の仕事までわかったというが、これぞ究極の型、技を叩きこめば仕事に適した生身ができあがる——。

「クラフトの語義は二分化しつつあります。ウイスキー職人なら十年後、二十年後のうまい酒をイメージするのは当然でしょう。これがクラフトマンシップですね。ところが、短期的な利益を目指してウイスキーづくりに乗りこんでくるとしたら………」

肥土は肩をすぼめ、続きを語らなかった。ならば、と個性について質問してみた。

「シングルモルトは個性の酒です。祖父や父の代に手がけていたウイスキーは、蒸溜担当者が『呑みにくい』と苦笑していたのを覚えています。あの頃の日本のウイスキーマーケットは〝水割り文化〟ですから、その中では異色なテイストだったんでしょう。でも私は、あの酒をおもしろいと感じました」

肥土が秩父でつくるウイスキーもまた、個性豊かで味わいが確立している。

「イチローズモルトは、ありがたいことに当初から高い評価を頂戴しています」

肥土は会社創設当時を思い出し、愉快そうな顔になった。

「ウチの商品は、ある意味ではニッチですからね。まず都内の有名なバーに売り込みをかけました。ウイスキーの目利き《めき》、個性を理解してもらえる方々から、セールスをはじめたんです。最初に酒屋さんへ持ち込んでも、おそらく埃をかぶったまま棚ざらしだったでしょう」

ウイスキーは国際語だと肥土はいう。国内はもとより、世界のあちこちであっても、ボトルを出せば一目瞭然、あとはテイスティングへ持ち込めればいい。肥土にすれば、してやったり。

「バーテンダーはプロでありマニアですからね。彼ら個別の感性、受けとり方がおもしろいんです。スチルポットのサイズや発酵時間、大麦の粉砕比率なんてマニアックな質問を連発しながら、味のバランスとその中に光る個性を見極めてくれます」


日本のウイスキー市場は、複数のモルトウイスキーと、小麦やトウモロコシなど大麦以外の原料で蒸溜したグレーンウイスキーを調和させた（混ぜた、といいたいシロモノもある）ブレンディッドウイスキーが主流だ。

まして昨今のハイボールブーム、こいつはブレンディッドが主役を張る。

ニッカは、総帥だった竹鶴政孝の死後五年たった一九八四年にシングルモルトを発売しているけれど、利にさといサントリーが山崎を売り出すのは二〇〇〇年だから、ビジネスとしてのシングルモルトは苦戦の連続だったと解すべきだろう。それに、ブレンドが前提なら、モルトそのものも、単独で売るほど蒸溜量がなかったはずだ。

私は国産ブレンディッドをやらないのだが、シーバスリーガルやオールドパーといったスコッチをいただくと、甘みと角のなさ、まろやかさを痛感する。まさにスムース！

これらに比して、確かにシングルモルトは香り、味わいとも強烈ではある。

「国内外のウイスキーファンの間で、イチローズモルトの名は浸透しつつあります。二〇二三年はジャパニーズウイスキー百周年の節目――私たちのさしあたっての目標は、これにあわせて秩父の蒸溜所から、なにか特別な酒を世に問うことです」

昨今の日本酒ブームを支えるのは、香・甘・酸・キレの四拍子が揃う酒だ。ことに甘酸っぱくて、冷やすのが前提の酒が好まれ、蔵もそういうのを量産する。こういう時流にのっかった酒を、個性的な酒だと自慢する蔵元も少なくない。

だが、大衆の好みは、しょせん一時のものだ。迎合は利を生むかもしれないけれど、これが本質とリンケージしているかというと……ブームという潮流に巻きこまれた人たち、ましてマスコミやネットは、いちばん大切なものをしばしば見落としてしまう。

肥土らはシングルモルトだけでなくブレンディッドも手掛けている。

熟成させる樽によるテイストの違いも、ファンには興味深いところだろう。

アメリカンホワイトオークの樽をテーブルがわりに、イチローズモルトのボトルを並べてもらった。どれもがグラスの縁に鼻先を寄せるだけで、わくわく感を呼び起こす。バニラやフルーツを連想させる香りを先導役に、重厚で腰の強い味わい、そのくせなめらかな喉ごし――これが、肥土らのウイスキーの基調となっている。

「極端な例でいうと、アイラのシングルモルトみたいに、強烈なテイストのウイスキーもあります。

個性というのは学習するほどに理解が進むわけで、最初はワアッっていう反応でも、じっくりと向き合ってもらえれば評価が高くなってきます」

個性で勝負するには、まず高品質の酒をつくることが基本、辛抱と強い信念も必要になる。肥土の話をきいていると、つくづくそう思う。

人口七百人の村に醸造所

「地」から「クラフト」への転換はビールでも顕著だ。

山田司朗《しろう》は「ファーイーストブルーイング（FYB）」（イーストはYeast、東洋と発酵が掛けてある）の創設者で「馨和KAGUA」「東京Tokyo」シリーズなどのビールを醸す。山田が二〇一一年にFYBの前身「日本クラフトビール」を設立したころ、ひょんな縁があって知り合い、つかず離れずの間合いで応援を続けている。

「今度、源流醸造所へ遊びにいきますわ」

「どうぞ、どうぞ。ついでに、なんか仕事を手伝ってください」

なんて軽い会話があり、山梨県北都留郡小菅村の、もと電子部品の工場を買い取って設備を整えたブリューワリーへ向かった。

小菅村は人口七百人、多摩川と相模川の源流部がある。川崎市に住む私がお世話になる日々の水はここに由来するのだ。山々に囲まれた村内に信号は一つ、道路標識に「大菩薩峠」とあるのを見あげ、机竜之介や米友も行き来したのかと、感慨無量になったりした。

行き交う村民は見知らぬ（しかも凶悪な人相の）私に挨拶をしてくださる。あるご老体はつかつかと黒ずくめの私の横へきて、語気強くおっしゃった。

「その色はいかん。ブヨやハチが飛んでいるから気をつけなさい」

豊かな自然と人情、山田がすっかりこの村に惚れこみ、それまで原宿にねぐらがあった彼が、住民票を移したのも合点がいく。

「村をあげて醸造所のオープンを祝ってもらいました」

そういえば、まだ開設祝いを贈っていなかった……ま、これは忘れてもらうとして、FYBはベルギーの小さなクラフトビール工場で、主力たる馨和をつくっていた。「東京」シリーズと銘打ったブロンド、ホワイト、IPAなどをラインナップに加え、渋谷で直営店を開きもする。初の自社工場の稼働が待ち遠しかったことだろう。

「ビールは水が大事だけれど空気も大切なんです。小菅の空気は東京より乾燥しているうえ、ずっと清潔です。気温が涼しくヨーロッパの風土に似ているのもありがたい。大手なら大都会に工場を建ててもクリーンルームをこしらえればいいですが、ウチのような規模だと、なによりきれいな環境が生命線になります」

なるほど、そういうことなのか。うまい日本酒を醸す蔵にも、清々しくさえざえとした空気が流れている。口にするものには、すべからく清澄が求められるべしと再確認できた。

「自分たちの呑みたいビール」

山田は山登りを友とし、酒と書物を愛す。

彼は一九七五年生まれ、サイバーエージェント、ライブドアといったＩＴ業界を席捲した企業の最盛期に、株式上場やら経営企画を担った凄腕社員だった。

ライブドアの上場を果たしたあとに英国ケンブリッジ大学院でＭＢＡを修得、かの国で、インド料理に特化したコブラビールを知りクラフトビールへの興味を高める。

帰国後はとうとう「日本料理に合うビール」を旗印に小さなビール会社をつくってしまった。当時はまだ、クラフトビールの名は一般的といえず地ビールと呼ばれていた。それでも山田は臆することなく「ウチはクラフトビールだ」と胸をはっていた。

「地ビールメーカーは、一九九四年の小泉政権の規制緩和で、年間二千キロリットルの最低醸造量が六十キロリットルと、醸造免許取得のハードルが一気に下がってメーカーが乱立しました」

九四年に六社、六醸造所だったのが、十年たたずして両方とも二百五十を超え地ビールブームは最高潮を迎える。だが二〇〇八年から二百社を割り、以降は減り続けている。

勝手放題いわせてもらうが、日本のあっちこっちでやたらと地ビールが売り出され、これがまた高値のくせ、たいしてうまくもなかったという残念な記憶がある。

「地ビールブームは、酒を観光業の一環に見据えた産物だと思います。しかもピルスナー、ヴァイツェン、シュヴァルツ（黒ビール）などドイツスタイル一辺倒で、豊かなビール文化の一端しか紹介できていませんでした」

しかしFYBを含め、いくつかのメーカーはクラフトビールへの道を進む。

「僕らは、最初から自分たちが呑みたいビールを目指しました。それは、やっぱり和食に合うビールだったんです。ドイツスタイルではなく、日本ならではのビール、しかも国産大メーカーのラガーではない商品をつくりたい。そうすることで新しいファンを開拓できるし、ビールを中心にした新しい文化を創造できると信じています」

馨和は厳選した柚子や山椒の風味をくわえたフルボディタイプ、アルコール度数は八度とやや高め、いわゆるハレの和食に合う濃い味わいのビールだ。初めて呑んでからいまにいたるまで、私は豊饒なイメージを醸す酒として一目置いている。この味わいは大メーカーのビールにはないし、明らかに土俵が異なる。まさに個性が満開だ。

「クラフトビールは世界各国で発展していますが、僕が指針としているのは米国です」

一六年の資料によると――全米には五千社以上のクラフトビールメーカーがあり、クラフトビールのシェアは十二パーセントを超えている。しかも、メーカーの九十九パーセントが、マイクロブリューワリー（小さな醸造所）や店で醸造するブリューパブなど小規模な独立系ブリューワリーだ。小の群雄割拠が大きなうねりになっている。

私が叫ぶ「酒屋万流」、どうやらクラフトビールのほうが先行しているようだ。

そういえば、出逢った頃の山田は「世界一のクラフトビールメーカーになる」と、沈着冷静な彼にしては珍しく大言壮語していた……だが、いまは考えを改めたそうだ。

「世界一はしばし撤回します。いまさら、ですが量より質、個性。マーケットも世界一なんて規模やシェアを望んでいないと思います。クラフトビールはアンチメジャーの個性派でなければ看板を外すべきです。ちょっとマニアックだけど、とってもうまいビールを提供していくことで、自然と会社も成長するでしょう」

あくまで「自分たちの呑みたいビール」が主軸であり、そこからブレる気はまったくない。山田の言葉を受け、私は感じ入った。この気概、やはり応援したくなる。

「クラフトビールを細分したら百種類以上になり、今後も増えると予想されています。後発になるほど個性化はむつかしい。和をテーマに先陣を切れてよかったです」

ビール五千年の歴史のなかで、このところの百年は、アメリカや日本で大メーカー寡占状態となってしまった。アンハイザー・ブッシュ、モルソン・クアーズ、アサヒ、キリン、サッポロ、サントリー……。

「それは異常事態であって、クラフトビールのような個性派の台頭は間違いなくビール文化をおもしろいものにしています」

山田は、ニューヨークでブルックリンブリューワリーを率いるギャレット・オリバーの発言を紹介してくれた。

「クラフトビールはビールの伝統を壊すものではなく、正常に戻すためにある」

日本酒は国際言語にはなれない？

山田の愛車は軽自動車のスズキ・ハスラー4WDだ。日本酒の蔵元はでっかいベンツやジャグワーにポルシェ、芋焼酎の御大将がフェラーリを乗りまわしているという噂に比べ、クラフトビールの社長の慎ましいことよ。

山田は、小菅村で古びた一軒家を借り、ビール工場を取り仕切る柳井《やない》拓哉《たくや》と合宿生活を送っている。東京の築ン十年の木造アパート四畳半より、家賃が安いときき驚いたのだけれど、小菅じゃこれが相場だという。

その合宿所で酒宴をひらいた。まさに男所帯、という無骨な酒盛りであった。肴は山田の手になる昆布ジメした白身魚の刺身、柳井がざくざくと切ってくれた地物の野菜、封があいて湿気たクラッカーなど。なんだか学生時代に戻った気分だ。

しかし、なぜか馨和は出ず、源流醸造所で醸す東京シリーズも姿をくらませたまま。ちゃぶ台には、他社のクラフトビールや「季の美」「クラフトジン岡山」なんて国産クラフトジンのボトルが並んだ。FYBのビールを全種類、ゲップがでるほど堪能してやろうという浅ましいたくらみは潰《つい》えてしまった……でもジンは大好きだし、まあいいか（日本のジンはロンドン系に比べてえらく香って甘かった）。

酔いが進むうち、柳井がおもしろいことをいった。彼はクラフトビール好きが昂じて大企業を脱サラ、ブリューパブに転職し醸造に携わるようになったツワモノだ。

「ビールは喉で愉しむ酒です。それなのに、最近は嗅覚に訴えるクラフトビールがブームっぽいのが気になります。ＩＰＡといって濁りの強い、ホップを大量に投入したニューイングランドスタイルのビールです。日本のＩＰＡには、エステル香という芳香を強く出しすぎのもあります。ひと口目はいいんだけど、香りが邪魔して喉で愉しめない。何杯も呑めるビールじゃないですね」

ただしＦＹＢのＩＰＡはそうじゃない、というオチがつくのだが、柳井の指摘するところは日本酒にも通じる。なぜベストバランスに気をやらず、一点突破の派手なテイストに傾くのか。市場がそれを求めているのだろうか。

スペイン、ロンドンと海外生活の長かった山田の意見も紹介しよう。

「ビールは国際言語だし、ワインもそうなんです。だけど日本酒は国際言語になれるでしょうか。東アジアでは日本製というだけで、バリューがあるからいいとして、欧米はどうだろう。あっちの人は価値観に合わないと呑まないです」

肥土もウイスキーは国際言語だと誇らしげだった。日本酒がローカルランゲージのままだと、この酒の将来は危ういのだろうか。ワインが東京で隆盛なのは国際言語ゆえのことか。それより心配なのは、ローカルランゲージならではの文化性や酒づくりを貫く本質が、ほかならぬ日本で先細ってしまわないかということ——急に無口になり、ぽつねんとジンを啜る私を気づかったのか、山田がことさら明るくいってくれた。

「クラフトビールの要件は小規模、独立性そして伝統的であることです。世界でクラフトビールが見直されているということは、日本の良心的な酒蔵も存在を認めてもらいやすい環境ができつつあるんだと思います」

翌日、朝の八時から源流醸造所でビールの瓶詰めを手伝った。

山田、栁井に醸造所スタッフの細貝洋一郎、営業担当の山本大輔らも加わり、東京ブランドのビールの出荷体制を整える。

六本のボトルが横一列になりビールを充塡、王冠の打栓という手順で、小さなアメリカ製の機械は作業をこなしていく。だが、実にしばしばトラブルを起こし、作業は中断する。山田は、苦笑交じりで舌打ちした。

「機械が到着したばかりで、二、三回しか動かしてないから、操作に慣れてなくて」

既定の量が収まらなかった瓶は、そのまま中身を溝に捨ててしまう。

昨夜の敵討ちをするのは今しかない！　ハネられた、ぬるくたいけれど、遠心分離機から出てきたばかりのビールをぐい呑みしながら、私は何ケースも何ケースも運んだ。山田は機械を横眼にぼやいた。

「こういう細やかな作業をする機械は、日本製がいちばん高性能です。でも、アメリカ製に比べて三倍近くも高いんです」

仕事は昼食を挟んで午後四時までかかった。私がケースに並べ積みあげたビールを、どこかで誰かが、うまいといって呑んでくれたことだろう。

山田は四十代だが、ほかのメンバーは三十代そこそこや二十代と若い。

みんな、まぎれもない一流企業を経てＦＹＢに転身している。仕事は会社の規模や知名度じゃなく、やりたいことかどうかが大切、と彼らは異口同音にいっていた。

肥土の会社でも、窓口になってくれた吉川由美は前職がバーテンダーだった。イチローズモルトに惚れてスタッフへ転身したわけで、あの蒸溜所で働くメンバーは皆、似たような経緯でウイスキーづくりに専心しているという。

仕事というのは天職、適職いろいろあろうが、いずれにせよ、かくありたい。

わずか千二百しかない日本酒蔵

肥土、山田とも新事業を興した。山田はしみじみとした口調で話した。

「日本のベンチャー企業の九割は失敗します。それほど厳しいんです。だから僕は、業種がなんであれ、ベンチャーを志す若者を応援します」

私も何人かの、日本酒蔵を興したいという若者に逢った。しかし日本酒は新規の免許がおりない。監督する国税庁が、「需給調整要件」とし、日本酒は売り上げ・製造量とも顕著な好況になく、いまだじり貧状況にあるとみなしているからだ。売れない酒の免許は出ない。反対にクラフトビールやワインは比較的、認可されやすい。

今のところ、日本で〝いちばん新しい蔵〟は「上川大雪酒造」、三重の四日市で廃業する蔵の免許を、料理人・三國清三が腕をふるうレストランの運営会社が買い取った。蔵は北海道上川町に新設され、自治体が迎えいれ協賛企業もついた。こういう例は極めてレアだ。気概と夢はあっても許認可のしている。

壁を打ち破れなかった若者たちは、既存の蔵でタンクを借りて醸したり、日本を捨て海外へ出ようとしてみれば、二〇一七年の時点で千二百が稼働しているという日本酒の蔵は、まさに既得権益といえよう。このことを、深く理解している蔵はいかほどだろう。

私に日本酒蔵をもれなく訪ね歩く気はないし、体力とヒマ、資金だってない。

ただ、たった千二百蔵しかないという焦燥の気持ちは強い。わざわざウイスキーやビールの事例を取り上げたのは、それぞれの立ち位置、肥土や山田の想いを、改めて日本酒関係者に知ってもらいたかったからだ。中には恥じ入る蔵もあるのではないか。

日本酒は、ふってわいたブームや輸出好況に浮かれている場合ではない。

わずか千二百しかない蔵には、個性豊かでうまい酒をつくる権利がある。

義務とはいわぬ、恵まれた権利を行使し「酒屋万流」を実現していただきたい。

第十章　酒屋万流――花巴（美吉野醸造／奈良県）、アフス（木戸泉酒造／千葉県）、伊根満開（向井酒造／京都府）

室町時代に完成した醸造法

大峰《おおみね》は修験道の霊場、山々をわたって涼やかな風がふく。

数歩先にひらりひらりと何枚かの葉が舞いおりた。拾いあげれば、ぼってりと濃艶な朱に染まった桜紅葉だった。薄手のニットの胸もと、編み目に落ち葉を挿す。

全身黒ずくめのわが身に、ぽっと火がともった。

吉野といえば奥、上、中、下それぞれ千本の樹々が一色に染まる春もいいけれど、秋の風情の趣ぶかさは捨てがたい。

なにより、吉野川の川岸にある蔵では、古式ゆかしい酒づくりが本格化していく。

「マスダさん、覚悟をしてくださいね」

橋本晃明《てるあき》が、笑いを押し殺した声をだすばかりか、鼻の下を二本重ねた指でぐいぐいこすりながら私を脅す。

「ふむ、うむ、そんなに臭うの？」唸りつつ水酛《みずもと》の桶に近づけば――。

蛇の日傘をこさえる工房で塗っていた柿渋、いや小学生時代に残飯やら生活用水が流れこんでいた近所のどぶ川、そこで嗅いだのにも似ている。芳香とはいいがたいけど、妙に懐かしいというか。酒になるモトを悪臭と決めつけてはいかん気もするし。

少なくとも悲鳴をあげたり、両手で顔をおおいたくなるシロモノではなかった。

「あれ？　平気なんですか」

橋本の声音は、拍子抜けしながらも、どこか安心したような調子にかわった。

「水酛、室町時代には完成していたといわれる日本酒の古い製法です」

「後醍醐天皇も、吉野でこの酒を呑んでらっしゃったのかなあ」

橋本が専務と杜氏を兼ねる「美吉野《みよしの》醸造」では、「花巴《はなともえ》」「花巴正宗」「蔵王桜」「百年杉 木桶仕込み」といった銘柄の酒を醸している。

水酛で醸した酒は「花巴　水酛純米　無濾過生原酒」で、これがまたとびきりの個性派、私は初手から鮮烈な風味と酒のストーリー、橋本という人物に魅了され大ファンとなった。

水酛は「菩提酛《ぼだいもと》（菩提泉《ぼだいせん》）」の一種、室町時代からある醸造法で奈良県の菩提山正暦寺《ぼだいさんしょうりゃくじ》がオリジンだ。

日本では古より寺院が酒づくりをリードし「僧坊酒」と呼ばれてきた。「南都諸伯」とは、平安時代中期から室町時代にかけての銘酒の総称、南都（奈良）で醸された清酒というわけで、当時の酒呑みたちもお寺メイドの酒に喉をならしたことだろう。

ヨーロッパじゃワインやビールの醸造にも修道院がひと役かっている。酔っ払うことをタブー視する宗教人が、酒の発展に貢献したとはアイロニーが効いている。

寺院で酒は「般若湯《はんにゃとう》」の隠語で呼ばれ、あくまで薬用として呑まれていたことも記しておこう。聖と酒の密接な関係、とってても人間くさくていい。

「水酛の酒を醸すのは、年に五十三石強（一升瓶で五千三百本）くらいでしょうか」

花巴の水酛の酒づくりを簡単に紹介すると――まず生米を、大峯山系伏流水の井戸水に漬けて乳酸菌を増殖させる。

「三、四日したら泡だってきます。自然の中に浮遊する乳酸菌が活動しているんです」

橋本は「乳酸菌をわかせる」と表現していた。菌を増やすのだから「湧く」か「涌く」をあてるのだろう。これが「そやし水」で冒頭に嗅いだにおいの主役だ。

この、米のとぎ汁を思わせる色合いの、天然乳酸菌たっぷりの「そやし水」が仕込み水となる。生米は、そやし水をつくってから引きあげて蒸し、あらかじめつくっておいた麴とまぜる。

「速醸酛のように高純度の優良な乳酸を添加するわけでも、生酛が仕込み中に乳酸菌を増殖させるのとも違います。酒づくりに使う水そのものが天然の乳酸菌たっぷり。花巴の水酛では人の手で酵母を投入せず、これも自然の酵母の力で酒を醸していきます」

橋本は虚空を指さし、いたずらっぽく眼くばせする。

「ほら、乳酸菌や酵母がふわふわしてるでしょ。こいつが酒をつくってくれるんです」

吉野の微生物が醸してくれるから、吉野ならでは花巴ならではの酒ができあがる。

「マスダさんが川崎のご自宅で水酛の酒をつくったら、花巴とは全然ちがう風味の酒ができあがるはずです」

吉野の水酛は野生児、たくましき生命力ゆえ夏場でも腐造せずに醸せる。

ところが、こんなことをいう御仁がいるらしい。

「自然まかせだから、なにもしなくていいんでしょ」

それは大いなる誤解だ。水酛の酒づくりは発酵の見極めが大事、杜氏の腕と経験が求められる。橋本はうなずいた。

「杜氏は母親ですね。ウチの蔵は、一見すると放任主義っぽく育てるんですが、やっぱり細かいところまでみておかねばなりません。完全に放ったらかしにしたら、とんでもない酒になってしまいます」

生ごみにも似た（失礼！）そやし水で醸した水酛は、ほどなくフルーティーな芳香を放つ。櫂をいれ炭酸ガスを抜きつつ、発酵の微妙なラインを読んでいく。甘みと酸味、苦・渋の具合などがベストバランスになった頃合いをはかり搾りにかける。これを見誤ったら商品にならない。

花巴には山廃酛や速醸酛のバージョンもあり、橋本はそれぞれ酛づくりに特色を出している。たとえば、速醸であっても酵母無添加、吉野の地に由来する野生酵母を引きこむという具合だ。

「市販されたり、頒布されている酵母菌を使わないのは、美吉野ならではの蔵の個性とニュアンスを出したいからです。とはいっても、分離して添加するか、酒母で毎回育てるかの違いだけなんですけどね」

花巴シリーズでは酵母を使わなくても、ほかのブランドで、たとえば、きょうかい九号酵母を使うことがある。そうなれば、多少たりとも九号酵母が蔵の中に居残ったり、ひょっとしたら桟や壁板のどこかに棲みつく可能性だってある。そいつが酛に……。

「でも、僕はそれでいいと思っています。僕はそこに、酒母（＝酛）の意思や意志を感じるんですよ。だって酒母は常に、自分が欲する微生物を選択するからです。時に火落ち菌とか、腐造につながる悪玉菌がはびこることもありますが、健康に育て環境を整えてあげた酒母は、間違いなく正しいチョイスをするんです。だから、こいつらの判断で取り込んだ菌は、酒づくりに必要な菌といえるんです」

マンガに、微生物と話せる主人公がいたが、なんだか橋本も、そうじゃないのかと思えてくる。つい、じーっと彼の横顔をうかがってしまう。

橋本は、頰っぺたをさすって「なんかついてますか？」といいつつ、話を継いだ。

「吉野の気候と風土を生かした酒母づくりを心がけています。さっき、杜氏は母親だといいましたが、花巴家の教育方針はけっこうスパルタなんです。酛のポテンシャルを最大限に引き出すため、あえて過酷な環境のもとで酵母菌を育成しています」

だけど育児放棄やＤＶになってしまえば言語道断だ。彼はそこを見誤らずにきちんと愛情をこめて酒を育てている。子の意向をきき、想いを遂げさせつつ、進む道を誤らぬよう導く。文章にすれば簡単だが、実行するのはむつかしい。

子の親たる者なら、橋本の酒づくりにエールを送りたくなってくるはずだ。

野生の微生物は力強く、やさしい

橋本は色白だが、がっしりした体格で涼しげな眼をしている。

ものいいや態度にケレンがなく、かといって無骨ではなく謙虚、かつやさしい。洗いざらしたコットンシャツさながら、強靭と清廉、誠実が同居した男だ。

橋本は一九七八年に吉野に生まれ、実家がいまの蔵の前身だった。東京農大の醸造科を卒業後は、灘の誇り高き蔵「剣菱」で酒づくりの腕を磨いている。

「大学時代は酵母の研究をしていました。当時は、人間が開発した酵母が完璧なんだと勘違いしていました。でも、剣菱で酛屋《もとや》（酒母の責任者）についたほか、酒づくり全般を勉強させてもらいました。実家に戻って自分が杜氏となり、考えが変わったんです」

いま橋本は、奈良吉野ならではの自然児を育てている。

「野生の微生物は力強さだけでなく、やさしさも持っています。ことにウチの蔵の酵母菌が出す酸の質は独特で、この酸が生む風味が花巴の生命線なんです」

彼の実家は明治四十五年（一九一二）創設で、曾祖父ら親族が共同で出資した「合名会社御芳野商店」だった。

蔵の一室に貼られた古い「花巴」のポスターは、映画黄金時代を彷彿させる総天然色、大ぶりの白菊とデザイン化された黄金の横雲をバックに、笑いかける和服の美女が描かれている。アップに結った髪と鬢にかすかなほつれ毛、朱を刷いたぼってりした唇、抜いた衿からのぞく肌はもっちり白く、絵からぞくぞくする色気がたちのぼる。

思うにモデルは銀幕のスター、京マチ子ではなかろうか。かような宣伝物をつくれるなんて、蔵のセンスと隆盛ぶりがしのばれる。

ところが、この蔵は二〇一〇年に会社組織を一新した。現在は地元の農業法人と手を携え、名称が「美吉野醸造」となった。

「農業法人は、僕の目指す酒づくりを理解してくださっています。吉野という地域の活性化と連携をつうじて、農業生産基盤の上にたった酒蔵として、生産・醸造・販売の六次産業化を目指していきたいんです」

橋本に案内してもらったのは、吉野の竜門地区、ここで酒米の「吟のさと」を育成している。酒米の王者といわれる山田錦に負けない大粒の米だが、山田錦にくらべてずいぶん背が低い。橋本は実った穂を手にのせながら教えてくれた。

「山田錦は吟のさとより三十センチ以上も背が高くなるんで、台風や風害に弱く倒れてしまうんです。ま、奈良にはめったに台風はこないんですが、吟のさとならその心配はありません」

なにより、橋本が気にいっているのはこういうところだ。

「酸の出がすごくいいんです。僕が手がける酒づくりに最適の酒米です」

会社組織を一新したことで、ちょっとした余波もあった。

御芳野商店時代は、奈良県下の酒屋有志が九六年に結成した、古い醸造法を今に復活させる『奈良県菩提酛による清酒製造研究会』に所属していたが、美吉野醸造になってメンバーから外れた。私は部外者だから、会の規約や周辺の事情がよくわからない。よって、この件には深入りしない。だが、橋本は会への深い感謝を述べた。

「研究会に在籍している間は、菩提酛発祥の地、正暦寺で醸した酛を分けてもらっていましたし、研究会で学んだ菩提酛の技術は僕にとって大事な宝物です」

だが、花巴の水酛と菩提酛は似て非なる酒づくりといえよう。

「花巴ならではの水酛づくりにトライできてよかったです。菩提酛とはニュアンスの違う、新しい酒になりました。僕は水酛づくりをもっと追究していきます」

橋本は研究会への感恩を忘れぬだけでなく、ちゃんと前を向いている。私は、そんな彼の姿勢をかっている。

吉野杉の木桶樽での仕込み

美吉野醸造は吉野川の川べりに建つ。

蔵の近く、六田の柳の渡しは、かつて吉野川の南北を船で結んだ要所、行者はここで水垢離《みずごり》してから吉野山、さらには熊野の本宮大社へ向かった。現在、船は廃され、代わってその名も美吉野橋がかかっている。橋本は指さした。

「シカやイノシシが河原を走っていることが、よくあるんですよ」

橋本と私は、金峯山寺に参拝、役行者と蔵王権現に一礼してから、奥千本といわれる山頂近くのエリアに向かう。徐々に観光客の姿が少なくなり、道も細くなっていった。

和風のしゃれた建物、どこかの粋人の別荘かと思ったら、今夜の旅館だった。

「水酛を堪能してもらうのに、どんな料理がいいか。いろいろ悩んだんです。和食は普通すぎるでしょ。精進料理もええんですが……やっぱり鴨鍋にしました」

橋本にへばりついて彼の酒づくり哲学とノウハウを拝聴し、「天然、自然」「微生物」と同じく「酸」も大きなキーワードになっていることがわかった。

さて、花巴の水酛はどんな酒なのだろう。


「ジビエ独特の肉の野性味にもマッチするはずです」

天然の鴨は秋から冬まで期間限定の贅沢、深紅より濃い赤身と雪のような脂身のコントラストに唾がわく。まずは、すき焼きの要領で鴨だけ焼く。砂糖に塩、酒、割り下、いっさい加えずシンプルに。しっかりした歯ごたえ、噛めば肉汁が染みだし血と肉、脂が混ざりあい、野趣にあふれた鴨肉ならではの風味となる。

二片、三片と口に運んだところで、橋本は地元産のぶっとい葱を投入、調味料も加えて全体の調子を整えてくれた。鍋に泡がたったところで、彼は花巴水酛の栓を抜く。

片口の飛び出た溝から、白い陶器の盃に水酛が注がれる。

盃に鼻をよせると、早くもフルーティーな芳香、だが、あくどいつくりの吟醸酒の香水めいた匂いではない。野に咲く花の、春めいた躍動感のある薫りなのだ。

味わいは薫りそのもの、実にフルーティーでジューシー、私はパインアップルを連想した。さらには乳酸菌飲料にも似た風味がある。苦、渋もきちんと脇に控えていて、これが甘味を支え、味わいに大人びた風合いを加える。

肝心の酸味が秀逸、この酸味は薫りと味わいのトータルパッケージ、甘い酸っぱいの大騒ぎだけで終わらせない奥深さ、なかなかのキレもあいまって、つい「もう一杯！」といいだしたくなる。というか、私はもう素っ頓狂な声をはりあげていた。

「うまい！　野生の水鳥の癖のある味をマスキングしたり、ねじ伏せるんじゃなく、酒と料理がハーモニーを奏でる。モミジにボタン、サクラでも試してみたい」

このあたり、日本酒の持つべき資質をきちんと踏まえている。なおも私はわめく。

「花巴の水酛は酒屋万流の一翼を担ってくれそうだ。発想からつくり、酒質まで日本酒の伝統と愉しさが詰まっていますね。こういう酒があるから、酒屋万流なんだ！」

橋本は箸を置き、身を乗り出して酒をつぎたしてくれた。

鴨鍋をつつき盃が重なるうち、じんわりまったり酔いが身と心を包む。

このひと時こそ酒呑みの至福、浮世の憂さが霞んでいく。

「ウチのほかの酒も試してください」橋本はいそいそと燗床を持ち出し用意にかかる。冷酒に冷や（常温）、燗、燗冷ましと橋本の〝子どもたち〟を愛でる。確かに水酛の印象が強烈だけれども、ほかの酒のポテンシャルも高い。うまい酒が揃っている。

「吉野杉の木桶樽での仕込みを本格化させるつもりで、クラウドファンディングをスタートさせました」

吉野杉を先祖代々から受け継ぎ育てる山守、杉を選び板にする製材所、橋本らがチームとなって動き出している。杉を育て、加工し桶にして酒を醸す個々の技と職人を、ひとつの流れに集約し、吉野の文化を具現化していく試みだ。橋本の蔵が新しい木桶をつくるのは六十年以上ぶりとのこと。新政の章でも書いたが、佐藤祐輔や橋本ら、文化の在り方をきちんと踏まえた酒人が木桶を担ぐなら、私だって応援したい。

「吉野杉の木桶をきっかけに、人と人をつなげて、多くの方に吉野へきてもらいたいんです。そうして、吉野の自然や文化、伝統を知ってもらえたら、僕の水酛をはじめとする酒づくりや地域の気候風土への想いが、よくわかってもらえるはずです」

吉野に咲こうとする個性たっぷりの酒の花、満開になる日はほど近い。

新鮮な食べ物への強い想い

人波の去った秋の砂浜に寂寥感はうすく、雄大さとすがすがしさの印象のほうが強い。つがいのカモメが悠然と太平洋をみやっている。海原は碧と群青が入り混じり、波濤の白をアクセントにしていた。

千葉県いすみ市大原、この浜は「木戸泉《きどいずみ》酒造」の五代目蔵元にして杜氏の荘司勇人が幼い頃、祖父の勇に手をひかれ、幾度となくやってきた思い出の場でもある。

「祖父は三代目、僕にとっては最もリスペクトする酒造家です」

荘司が慕うのは亡き祖父だけではない。父で四代目の文雄にも、親としてのみならず、日本酒の先達としてあふれんばかりの敬意を抱いている。

「僕の酒づくりに対する姿勢は、間違いなく祖父を踏襲していて、それは父がしっかりと継承してくれたものです」

とはいえ、荘司は祖父や父から一度も蔵を継げとはいわれなかった。

「僕をかしらに五人の子がいて、うち男は三人とも東京農大醸造科を出ています。やらされるとか、せっぱつまった義務感じゃなく、全員がナチュラルに醸造を志しました」

築百年を経た、広大な酒蔵は彼らの遊び場であり、父祖たちの仕事ぶりを目の当たりにする場でもあった。子どもたちは蔵人が技を磨ぎ、術をなす厳しさを知り、自然の不思議な力の存在を身近に感じながら育った。


荘司は一九七五年生まれ、やや面長の顔に、あるかないかの微笑みをたたえている。

がっついたところ、生意気、狡猾の気配は皆無だ。おだやかで、ゆったりと構えた態度に品の良さが漂う。しなくてもいい苦労、抱かなくていい屈託とは無縁にみえる。

「祖父や両親の食べ物への強い想い、これは愛情以外の何ものでもなかったと思います。新鮮な外房の魚はもちろん無農薬野菜、無添加の食材が毎回の食卓にのぼったものです。長男の僕と弟、妹の差別どころか区別もなかったし、家族全員が仲いいです」

つまるところ、彼の親御さんたちはうまく子育てをされた。親と子は互いに鏡だ。

ワインと西洋料理のマッチング

「二〇〇一年に蔵へ戻ったとき、近郊には二十軒近い酒販店がありました。それが今では片手の指で数えられるくらいにまで減ってしまいました」

荘司は職人タイプと自認している。だが、日本にたった千二百しかない酒蔵のひとつという自覚は強い。自ずと営業にも力が入る。

「もともと地場の酒だったのを、東京や関西もマーケットにと動いています。そんなとき、やっぱり強い味方になってくれるのが『アフス（Ａｆｓ）』です」

アフス！　この酒を初めて呑んだときの強烈な印象は、昨日のことのように鮮烈だ。

小さくてスマートなボトルに、イエローがかった色目が映える。

酒器は和ものを合わせるとオツだが、フロートかカットのショットグラスもいい。

キンッと冷やしてグイッとやってほしい。驚愕の酸味！　このパンチ力はすごい！

ファーストインプレッションだけで、しばらく呆然となるインパクトだ。しかし、ほどなくこの酒が秘めた深い味わいに気づくだろう。電撃的な酸っぱさの後に広がるのは品のいい甘み、そして日本酒の神髄たるうま味が追いかけてくる。

これがクセになり、つい酒が進む。だが、そこをグッとこらえて、翌日の分を残していただきたい。抜栓して空気となじんだアフス、これがまた、いける。酸味の切り込みのシャープさは変わらぬものの、全体に濃醇な深みがでてきて、大いにうまい。

類をみない個性派ながら確かな滋味、ポテンシャルを痛感する
「アフスが世に出たのは一九七一年、大阪万博の翌年です。高度経済成長と国際化がいっぺんに日本に押し寄せた当時、祖父は新たな日本酒の可能性を探っていました」

アフスの誕生に、往時の日本酒業界の良識というべき人々がかかわっていたことも忘れてはいけない。この酒には、キワモノ扱いを拒む立派なバックグラウンドがある。


三代目蔵元は県会議員をつとめる土地の名士、早くから海外視察に出かけていた。

ただ、敗戦後の長い間、海外渡航は目的や持ち出し金額など制限が多かった。有効期限内に何度でも出入国ができる数次旅券の発給は万博開催の七〇年になってからだ。

「祖父は五六年からアフスの開発にとりかかっていましたが、海外へ出たことで、いっそうこの酒の必要性を痛感したようです」

七〇年代初頭は海外旅行ブームのさきがけ、ことに農協の団体は内外の話題だった。メガネに出っ歯、ニコンかキヤノンの高級一眼レフカメラをぶら下げていたら日本人、なんて揶揄された。ナイフとフォークが使えず、ずるずるスープをすすり、バスルームの床まで水浸し、街なかで立小便……い

まの中国人観光客さながらだったわけだが、これは異文化体験の少なさゆえの事々。民度の高い日本人はすぐ順応してみせた。

それより、大事なのは、なじみのうすい文化にどう接し、何をつかみとるかだ。

五代目蔵元の荘司勇人は、祖父が海外で酒屋としての慧眼を発揮したと指摘する。

「祖父にとっても、見るものすべてが新鮮な刺激だったはずです。そこで眼にとまったのがワインと西洋料理の食文化でした」

ワインの果実味、芳香と酸、奥深い苦と渋とフレンチやイタリアンとのマッチングに、三代目は腕を組んだ。ここに日本酒が食いこむには、どうすればいいのか。

海老沢泰久が、料理研究家の辻静雄を主人公にした『美味礼賛』（文藝春秋）を読むと、その辺の事情に明るくなれる。日本人は大阪万博で、ようやくホンモノの西欧料理を知った。

「（大阪万博は）日本における西洋料理の普及という点でも大きな役割を果たした。ヨーロッパ各国の政府館にはそれぞれの国の自慢料理のレストランが設けられ、そこを何十万人もの人々が訪れたからである」

万博開催より前に渡航していた荘司の祖父・勇は、脂が強く味つけが濃いうえ獣肉の嗜好が露骨な西洋料理、これが日本でも普及していくと予想していた。

「祖父が痛感したのは、当時の日本酒のテイストの限界でした」

昭和四十年代は、甘さに傾きバランスの悪い酒が主流とお知りおき願いたい。濃密な文学作品群を残しただけでなく、酒と食、旅の大家でもあった開高健は書いている。

「(日本酒は)どいつもこいつもベタベタと甘くて、ダラシなくて、ネバネバして、オチョコを持ちあげたついでに食卓までついてあがりそうなのばかり」(『食の王様』角川春樹事務所)

ドイツ文学の泰斗で日本酒好き、食文化に一家言を有する高橋義孝もボヤいた。

「誰でも酒飲みなら、近年日本酒がひどく甘くなったといって嘆く。私もそう思う。たしかに最初の一猪口、二猪口の酒は、ほとんど喉に通らないほど甘ったるい」(『叱言 たわごと 独り言』新潮社)

だから、私はいうのだ。酒屋万流であれ、個性を磨いてくれ、多種多様であってくれと。流行のテイストなんかに酔っても、寄っても、まして依ってはいけない。

こんなもの、世を風靡したらたちまち惰性に落ちこみ、ほどなく廃れてしまう。

甘すぎる酒がはびこっていたこと、それが灘、伏見の先導であったこと、地酒はまだまだレベルが低かったこと……高橋は「地酒の味には角がある。飲み始めには気持ちがその角に引っかかる」(同前)と書いている。彼のエッセイは地酒をほめるのが趣意だけれど、それでもこう批判した。まだまだ地酒は洗練の域に達していなかった……というような、アレコレが交錯し、ほどなく日本酒は坂を転がりだす。

日本酒の苦境は、近年になって出口がみえてきたような気配だが、私はまだまだ油断できないと考えている。

「多様化し個性豊かでなければならない」

「西洋料理が和食や家庭料理に入りこんでくるのは時間の問題。そうなれば日本酒は太刀打ちできないと、祖父は危機感を募らせました。だからアフスの開発に取り組んだのですが、祖父には力強いブレーンがいたんです」

蔵には技術顧問として元大蔵省技官の古川董がいた。そこに、新潟の『住乃井』の蔵元の安達源右衛門の援助が加わった――アフスは、安達が実践していた醸造法を母体に古川が新趣向を加えて開発し、荘司の祖父・勇による場と資金、資材の提供があって誕生した。その詳細を勇人に説明してもらおう。

「アフスの酛は五十五度という高温でつくるんです。これは高温糖化酛のノウハウを応用したもので、五十五度に設定すると、酛の中で麹菌によるデンプンの糖化がもっとも活発になるうえ、たいていの雑菌は死滅してしまいます」

高温糖化酛は安達が発想したといわれ、古川と安達は醸造学の名門、旧大阪高等工業学校醸造科（現大坂大学工学部）の同期生だった。この製法は「大信州」の大杜氏で齢百歳になる下原多津栄も得意とした醸造法だ。

「安達さんは、高温糖化酛の経験がない木戸泉に頭（杜氏に次ぐナンバー2）と麹師、酛師（麹や酛づくりの責任者）らのスペシャリストを、惜しげもなく派遣してくださいました。四代目の父の時代の永井豊一杜氏はそのときの麹師でした」

やがて住乃井は売却されてしまうが、遺志はいまも木戸泉に息づいている。

「酛に求められるのは、酵母の培養液としての役目と、有害菌の繁殖を抑える働きをする乳酸の増殖です。生酛や山廃酛では自然界の乳酸菌を取り込んで乳酸をつくります。速醸酛では人為的に乳酸を投入する。アフスは、ここがオリジナルなんですが、日本酒の中だけで増殖する、数少ない優秀な生の乳酸菌を培養して投入します」

それは古川のアイディア、生の乳酸菌のおかげでミルキーな酸味が生じ、風味に幅と深みがでて、ワン&オンリーの濃厚多酸な酒ができあがる。

「祖父には、日本酒が多様化し個性豊かでなければいけないという信念がありました。当時の日本酒は、甘くてぼってりしたテイスト一色。そこに、木戸泉が一石を投じようと孤軍奮闘したわけです」

五代目は諸先輩に敬意をこめて語った。

しかし、アフスの航路は順風満帆ではなかった。

特に酸のコントロールがむつかしい。何年も失敗の連続だった。

「おかげで、かなりの資産を費やしたようです。父からきいたところでは、先祖伝来の田畑をあらかた売ってしまったうえ、完成までに四万俵もの米を使ったそうです」

ようやくこの酒を世に出すにあたって、蔵元は安達、古川、荘司のイニシャルをとり「アフス（Afs）」とネーミングする。

酸味がみせる味わいの広がりと深み

木戸泉の取り組みは「キドイズム」ともいうべきものだ。

五代目は祖父、父と受け継がれた製法を実直に守ってアフスや他の酒を醸している。

五代目は古びたアルバムをとりだしてきた。そこには坂口謹一郎先生の、手ずからしたためたハガキや封書が貼られている。私は眼を見開き、食い入った。

「なんで、坂口先生の直筆の手紙が………?」

いや先生なんていっているが、私はご本人に逢ったことも師事したこともない。

坂口は発酵や醸造の世界的権威、東京大学応用微生物研究所初代所長にして歌人でもあった。先生が書いたあれこれは『坂口謹一郎酒学集成』にまとめられている。

私は、そうした著作に感服し、勝手に先生と呼ばせていただいているだけなのだが、木戸泉の蔵で坂口先生の直筆に接することができるとは思いもよらず、驚くやら、感動するやら。やはり、日頃の行いが、一途に清廉潔白なおかげでありましょう。


――いにしえの　なだのうまさけ　きみにより太平洋に　うつりしきはや

五代目蔵元が指さすのは、万年筆のインクが少し薄くなったハガキ、そこにこの歌が記されている。

「アフスの完成を誰よりも喜んでくださったのが、祖父と深い付きあいのあった坂口先生でした。アフス第一号を呑んで、先生がさっそく吟じてくださったものです」

――江戸の昔の灘のうまい酒が木戸泉によって、太平洋にほど近い蔵へ移ってきた。

『日本農書全集第五十一巻』に収録されている『童蒙酒造記』や『寒元造様極意伝』などから類推するに、江戸時代の酒のテイストはかなり強烈だった。

当時の酒は、甘辛の指針の日本酒度でマイナス五〇から七〇（マイナスほど甘い）。酸度は四あたり。ちなみに、現在の甘酸っぱいと評判のブランドですら、日本酒度プラス・マイナス〇度、酸度一・八ほどだ。江戸の酒はカルピス原液をしのぐ、猛烈な甘酸っぱい酒——それこそ、水で薄めて呑むことも多かったようだ。

江戸の酒呑みが、アフスを盃に満たしたら、どんな感想を漏らすだろうか。

「花巴水酛」の、私を魅了する味わいしかり。これはもっと遡った室町時代の醍醐味だが、佐藤祐輔率いる「新政」はクラシカル志向が顕著、大いに江戸の酒を意識しているし、佐藤の古き酒と醸造法に関する知識と研鑽は生半可なものではない。

私は日本酒の酸味がみせつける、味わいの広がりと深みに敬意を表する。

一九九〇年代、名だたる杜氏はこぞって酸味を雑味として退け、苦・渋と同じく、これらが表に出てくることを嫌った。かわってシャープな辛さ、それを補完する甘さのバランスと、酵母のポテンシャルを香りに引き絞ったつくりが主流となっていた。

確かに、稚拙なつくりだと、酸や苦・渋が目立ち「汚い酒」になってしまう。だがアフスや花巴、新政はしっかり酸味をコントロールしている。そこが凡百の酒との大きな違いだ。

時代は変わり、人の好みも変わる。しかし、室町や江戸時代のつくりや味わいの酒、吟醸や熟成系、古酒などが日本酒の野に百花繚乱すればどれだけ愉しいことか。

坂口先生は濃厚多酸のアフスがとっても気に入ったらしく、次の一首も詠んだ。

――奇しき酒　つくりいたして　ひのもと　うまさけの巾　いやひろげませ

この歌を挟んで荘司と私は眼をあわせた。互いに口もとがゆるむ。

いわずもがな、さすがに坂口先生はわかってらっしゃる。アフスに酒屋万流をみてとり、日本にうまい酒の幅がひろまることを期待していた。

うんうんと合点しうれしがる私に、今度は荘司がボトルを差し出した。

「マスダさん、これが市販のアフスの第一号、一九七一年モノです」

ううううむ……次々に展開される新たな、驚くべき状況にたじろぎつつ、酒にはことのほか意地汚い、いや探求心旺盛な私はさっそく注いでもらった。

古酒となり、醤油そこのけに真っ黒のアフス、やはり醸造酒ならではの熟成香が匂いたつ。人によってはン十年も甕に寝かせた紹興酒を連想するだろうし、私はマデイラやシェリーの年代物を記憶の棚から取り出す。

で、味わいのしょっぱなは、やっぱりアフス、酸味のパンチが飛んでくる。だが、そこからとろり濃密なベールがひろがり、甘く香ばしいカラメルにも似た薫りに陶然とする。豊麗で艶っぽいオトナの情緒、これは若い酒に望むべくもない。

酒も人も、加減よく齢を重ねれば、色気とまろみが生まれ、酒格人格に奥行きができる。マジメ一直線ではだめ、ちいとはスケベ心も大切というところであろう。

一九七〇年代の古酒をブレンドした「アフス・オールドリザーブ」は市販されており、別に純米原酒の古酒もある。木戸泉が本格的に古酒を手掛けるようになったのは、坂口先生のアドバイスあってのことだ。

「アフスの生みの親のひとり、古川先生のご自宅に九年間も封を切らなかった純米の酒があって、たまたま、それを呑んでみたら絶品だったそうなんです」

七一年に木戸泉は三越本店で古酒販売をスタート、四合瓶が千円、一升で二千円と平均的な清酒の二倍以上の高値にもかかわらず、飛ぶような売れ行きだった。古川氏と蔵元が坂口宅にこの古酒持参で報告したところ、たちまち、アフス同様に肩入れしてくれた。

「しかも先生からは、三越で売るのを即刻中止しなさいと忠告をいただいたそうです」

古酒は木戸泉の財産、三越で売り尽くしてしまうのは惜しい。広く市販すべきだと諭された。坂口は、侍従長だった入江相政に古酒を紹介、入江もこの酒のファンとなり、自ら「古今」とネーミングしラベル文字まで揮毫した——当代の荘司勇人は「古今」を、山田錦で醸し、二十年以上も熟成させた純米古酒として世に問うている。

——このよならぬ　あぢよかほりよ　君がかみし　ひのもと一の　ふるさけぞこれ

坂口先生が吟じた歌の解釈は不要だろう。とにかく、古酒を大絶賛するのだ。

この手放しぶり、木戸泉への惚れっぷりが、わがことのようにうれしい。

「いまの日本酒は日本の文化だと自信をもっていえますか?」

荘司勇人のもとでは、アメリカ人のジャスティン・ポッツが蔵人として働いている。

外国人ことに白人が蔵にいるだけでマスコミがうごめく。女の杜氏や若い蔵元もしかり。私はそういう見識とアクションに距離をおいている。

国籍や性別、年齢、地位よりも人となりにフォーカスしたい。

その意味でジャスティンを紹介するのは、私にとってごくノーマルなことだ。

「初めての来日は二〇〇四年でした。以来、日本はおもしろい、本気で日本語を学んでコミュニケーションしようと決心しました。外国人としてではなく、人間同士として友人をつくりたい。そのためにどっぷり日本人の生活に浸ってみたかった」

ジャスティンは一九八一年、シアトル生まれ。ワシントン州立大学で心理学を修め、テンプル大学ジャパンキャンパス大学院修了の英語教授法マスターでもある。

能登、新潟、東北、関西、九州……日本各地をまわってきた。

「いまは、いすみ市で妻子と古民家に住んでいます。木戸泉は季節雇用ですから、並行して日本文化を世界に発信するイベントやワークショップを企画運営しています」

細身で長身、にこやかな好青年、インテリジェンスは確かだけど、それをひけらかしたりしない。人の話にじっくり耳を傾け、しかる後に自分の意見を語る。

彼は旅人であり、詩人でありセンチメンタリストかつロマンティスト、それゆえに好奇心の向かうベクトルが多岐にわたっているのだろう。

私はジャスティンに日本酒の好きなスナフキンという印象をもった（わかります？）。

「木戸泉のお酒、アフスには最初からすごく興味がありました。ご縁があって、この蔵で働くことを誇りに思っています。発酵の世界は本当に奥深いですね。これは日本の文化の縮図です。おそらく、百年かけて学んでも学びきれないんじゃないかな。僕は千葉の酒蔵・寺田本家の先代当主だった寺田啓佐《けいすけ》さんの著書『発酵道』にすごく感銘を受けました。まさしく発酵は『道』だと思う。武道と同じく、すごい奥深い哲学なんですよね」

ジャスティンが指摘するところは実にスリリングだ。

「日本人にとって日本酒ってなんなのかと、いつも不思議です。だって、日本人が普通に日本酒を呑んでいるシーンって、あまり見かけませんよね。僕には、うまい日本酒を呑ませる店より、ワインをおいしく呑ませる店のほうが多いようにみえます」

フランス、イタリア、ドイツ……人々はいろんな機会に、違和感なくワインやビールを愉しむ。国酒はいつも生活に密着している。

「でも、日本人って日本酒をあまり呑みませんよね。日本酒って、音楽でいうと相当ニッチなジャンル。ほとんど、だれも聴こうとしない。あるいは耳にしたことがない。ほんの少しのコアなファンしかいません。だから、あえていいます。いまの日本酒は日本の文化だと自信をもっていえますか？」

なんとも手厳しい。しかし、日本酒はアルコール消費の六、七パーセントしか占めていないのは歴然たる事実だ。東京ではワインより呑まれていない酒になっている。

「それに日本人は、日本酒が文化だっていいます。これも、僕は不思議に感じるんですね。それならなぜ、日本酒のことを日常的に――」

ジャスティンよ、それ以上はいわないでくれ。日本人にとっては痛烈すぎる指摘だ。

おそらく、彼は日本人と語り合い、あまりに自国を知らないことに驚いたことだろう。

ことに蔵元の多くはブンカ、デントー、コセーを三点セットのように口にするが、いかにも上っ面で底が浅い。歴史、農作、食、風習……ひょっとしたら、ジャスティンのほうが日本のことについて知識豊富なのではないか。


「日本の食文化がすごく世界でリスペクトされています。だから日本酒もリスペクトされる可能性が高いし、もう外国人が日本酒を醸すようになっています」

ノルウェーのクラフトビールメーカーが販売する、ヌウグネ・エウ（Nøgne Ø）の「裸島」がそのひとつだ。啣いた人によると、骨太のえらく辛口の酒だとか……。

「外国人が母国で日本酒をつくるなんて、当たり前のことになりますよ、きっと」

ジャスティンがいうと、黙ってきいていた荘司がすっと眉をあげた。

「日本の蔵はきちんとした姿勢を示す必要がありますね。日本酒の母国として、責任をとれるだけの酒を醸し、文化性を示す。それが責務だと強く自覚しています」

ジャスティンはミラノで日本酒の見本市を開催した経験から語ってくれた。

「日本人は、どういうつもりか欧米人には純米大吟醸を出しますね。これって自信作なんでしょうし、実際ハイレベルなお酒が多い。高級な白ワインを意識してるのかもしれない。でも、欧米で純米大吟醸だけが受けると思っているなら、これは一種の思い込みですよ。欧米の酒文化はとっても多様化していて、むしろ山廃とか、米の磨きの少ない酒、熟成系のほうがおもしろいって思う人も少なくないはずです。むしろ、多いかもしれない。熟成や古酒が日本のマニアックな人にしかウケないなんて、そんなの意味のない先入観でしかありません」

だから、とジャスティンは荘司のほうをみやってウインクした。

「アフスや古今はとってもおもしろい。こういう個性のある酒、ストーリーを持っている酒が多くの欧米人は大好きです。熟成系や個性豊かなお酒の方が、むしろたくさんの欧米人の好みに合うかもしれません。実際、アフスの古今はイタリアで大好評でした！」

ジャスティン、ありがとう。よくぞ、いってくれた。

君の発言が、より多くの蔵元、杜氏たちがの心に刻まれることを祈っています。

日本で海からいちばん近い蔵

荘司の大学の同級生で、研究室も同じだったのが「向井酒造」の向井久仁子だ。

「おっ、向井のところへいくんですか。あいつも、おもしろい酒を醸していますす」

荘司もさることながら、彼女のことは栃木の銘酒「澤姫」を醸す、井上裕史から大いなる推薦があった。井上はでっぷりしたお腹を揺すりながら、大学の後輩たる向井を激賞した。井上は私が畏敬する蔵元杜氏、彼の酒には一目も二目もおいている。

私が酒選びから取材、原作まで担当したコミック『いっぽん!! しあわせの日本酒』でも井上はコラボを引き受けてくれ、それはオリジナルレシピで醸した「純米生酛 真・地酒宣言」で結実した。香、甘、辛、酸、苦、渋、うま味、キレとも抜群のバランスを誇るレベルの高い酒だった。その井上がこう、まくしたてるのだ。

「向井の蔵で呑んでほしいのが『伊根満開《いねまんかい》』なんです。これ、世間的には変化球と受けとられかねないんですが、球筋や落差はピカ一です。そのうえ、向井はこのところ直球にも磨きがかかってきましてね。一五〇キロ級の剛速球を投げつけてきます」

ふむ、球種と酒の相関性、なんとなくわかるような、とんと要領を得ないような。

だが、百聞は一呑と一訪にしかず。さっそく向井酒造へと向かった。

日本海をひかえた丹後半島は、近年〝海の京都〟といわれ、玄関口の舞鶴や天橋立ばかりか、少し奥まった伊根にも多くの観光客が押し寄せる。

伊根湾に浜らしきものはなく、海岸線をお玉杓子《たまじゃくし》ですくったかのように、陸の縁が海の端になっている。ちんまりとした湾内の水際に沿って、舟屋と呼ばれる一階に船庫、二階は住居という独特の建物がひしめく。その数二百三十軒余、舟屋のいくつかは旅荘でどのシーズンも予約をとるのが大変らしい。

湾の入口にどっかと座る青島、これが天然の防波堤となり、湾内では滅多なことで波が荒だつことはない。確かに、舟屋の開け放たれた一階に寄せ引く波の動きは、小さくゆっくりとしている。穏やかな海面をのぞけば、いくつも魚影がみてとれた。

伊根は海と山地がとても接近し、狭い道を挟んで海と舟屋、山側の家々がぎゅっと寄せ合っている。海から舟屋は徒歩数秒、舟屋から家まで一分かかるまい。

そんな伊根の集落で、ひときわ人の出入りの目立つのが「向井酒造」だった。

蔵には販売スペースが設けられている。外観はしもた屋風だが、丸に三つ柏を染め抜いた大きな暖《の》簾《れん》がゆれ商家とわかる。鄙《ひな》び具合が絶妙で、映画でも撮るとしたら、ちょいと渋めの主人公が一杯やるために片手で暖簾をはねあげそうだ。

「ようこそ、遠いところをおこしくださいました、お〜きに〜！」

元気いっぱいの声が小さな蔵に響きわたった。荘司が「いつも元気をわけてもらってました」と語り、井上は「オレの妹みたいな体型です」といったこと、すべて合点がいく。陽気で愛嬌たっぷり、語り口がさっぱりしているのがいい。髪を引っつめ、丸い顔に黒縁のメガネの彼女、なかなか可憐な面差しをしている。

「後輩たちにすごく慕われてたし、リーダーシップのあるやつでした」

荘司の証言が思い出される。すると、向井はテレながら手を団扇《うちわ》のように振った。

「荘司君は研究室の超エリート、微生物のむつかしい研究をしてたんで、彼のことを私たちダメダメ組は〝顕微鏡班〟って呼んでました。井上先輩には、いまでも酒づくりのあれこれ、親身になって教えてもらっています」

向井久仁子は一九七五年生まれ、九八年から杜氏をつとめている。妹と弟がいて三人とも東京農大出身、妹の総子はしばらく姉のもとで酒を醸していたけれど東京に嫁いだ。十四代目の蔵元は、ウサギの干支がひとまわり違う弟の崇仁、彼の妻もにこやかに店先に立っている。

向井酒造は、宝暦四年というから一七五四年創業の老舗だ。

「日本で海からいちばん近い蔵、そんでもって、日本でいちばん狭い蔵です」

向井家は伊根の名家、明治期には山本覚馬《かくま》らと京都府議会をスタートさせた父祖がいる。山本は新《にい》島襄《じまじょう》と同志社を興した人物、母校ゆかりの人士の名をきき、私は居住まい正す。祖父、父とも町長など代々が酒屋を営みつつ伊根の行政を担ってきた。

「私は、ほんまは杜氏になる気なんてなかったのに、父の計略にはまってしまいました」

ことの経緯は、父が町政に手をとられ酒づくりもままならぬため、農大を出たばかりの娘に杜氏をまかせたということらしい。とはいえ父も東京農大出身のうえ、竹田正久教授が率いる醸造微生物学研究室出身の先輩でもある。向井はきゅっと唇をすぼめた。

「竹田先生との出逢いがなければ、いまの私はありません。厳しい先生で、一度遅刻してしまったときには退室しろと怒鳴られたほどです。このときは、ひと月間の早朝掃除でようやく許してもらえました」

そんな竹田は、ことのほか向井をかわいがってくれた。「眼を離したらえらいことになる」といいつつ、常にそばへおき指導してもらえたことは、彼女にとってどれだけのプラスだったことか。その点は、向井も重々わかっている。

「蔵の庭の樹齢三百年の松から天然酵母を抽出して醸したり、コーヒー豆や一部の黒ビールのように、お米を加熱して焦がして醸す『焙煎仕込み』など、チャレンジングな研究をさせてもらいました」

そして、向井は師の提案で古代米を使った酒づくりに挑む。それが宝石のように美しい赤、酸味と甘さが絶妙にマッチした日本酒『伊根満開』だ。

伝統と挑戦を凝縮させた銘酒

日本でいち早く米作が始まったのは、ほかならない丹後半島だといわれている。

それは約千三百年前のことで、いわゆる赤米や黒米が主流だった。平城京址から出土した木簡には、丹後の赤米を帝に献上したと記してある。

丹後の元伊勢として名高い籠神社《このじんじゃ》は、食をつかさどる豊受大神《とようけのおおかみ》が、伊勢の外宮にお遷りになられるまで鎮座ましましたという。これも、丹後の地と米作との深いかかわりなしに考えられない。

往時を彷彿させる米は古代米と呼ばれ、赤のほかに黒や紫、黄、緑とカラフル、それらの一部が向井の意向で伊根においても栽培されている。

「古代米にも種類があり、ヒノヒカリやアサムラサキなどを使って試行錯誤の連続でした。ナンギなのは醸すと色はきれいでも、かなり重くてクドいこと。それを克服するのは大変でしたが、二〇一一年くらいからはムラサキコマチに落ち着いています」

向井の案内で本庄地区にある契約農家の田を案内してもらった。出穂したムラサキコマチは赤っぽいのもあれば濃紫もあった。しかも食米より粒が少なく、背が低い。

古代米の稲穂が風に揺れる様子は、みなれた山吹色の秋の田園風景とは趣を異にする。ちなみに本庄地区は特Aランクのコシヒカリの産地、そこで育成される古代米は向井酒造のための四十俵だけ、まだまだ希少な存在だ。

「私、ホンマにぶきっちょなんで、ひたすら一所懸命につくっています」


井上が天下無双の変化球という『伊根満開』、さっそく試飲させてもらった。

この酒、まずは色合いを堪能したい。光のあたり加減でルビーのごとく妖艶に映れば、朱雀さながら高貴な趣もある。沈む夕陽にボトルをかざせば、濃い橙の光とあいまって、明るい赤からゆっくり濃さをまし黒みをおびていく。

口に含むと品のいい甘さ、ほぼ同時に酸の強烈な立ち上がりが来て、その裏に山菜を思わせるやさしい苦と渋を感じる。ほのかに薬膳の風味もあって妙に懐かしい。

それればかりか、ふとチンザノロッソに代表されるベルモットの姿もかすめた。

色、味とも絶妙にして不可思議、ほかの日本酒にはない特徴を備えた逸品だ。

伊根満開を飛び道具扱いするのは、向井にとってはもちろん、日本酒においても得策ではあるまい。甘・酸に着目するのもいいが、苦・渋の按配が実に具合がいいのだ。

キンと冷やすのは間違いなく上策だけど、燗をつけるのもおもしろい。

実は後日、東京は阿佐ヶ谷にある「シュガー、サケ&コーヒー」という妙なネーミングながら、隠れたる実力派の日本酒を揃えたお店で、花巴の橋本と伊根満開の燗を愉しんだことがある（もちろん、店には花巴も常備してある）。あの橋本が「おっ、これはいい甘と酸ですね」と感心していたことを書き足しておこう。

伊根満開は、色合いとファーストインプレッションに左右され、ついワインに喩えたくなる。だが、それはかならずしも的を射てはいない。これはまさに米で醸せし酒、果実酒の濃醇さ、獣脂に伍す剣呑さとは無縁だ。繊細かつ優美な佇まいこそ評価すべき。

「特別に伊根満開をPRしたわけやないのに、どういうわけか、いろんな意外な方々から愛していただいています。この酒、果報者やと思います」

駐日大使時代のキャロライン・ケネディが、蔵に立ち寄って伊根満開を買ったり（「レッド、ライスワイン、プリーズ」といってたそうだ）、コペンハーゲンに本店がある世界的レストラン「ノーマ」が、東京のホテルで期間限定営業の日本店をオープンさせた際にも、ソムリエは、いの一番にこの酒を採用した。

「悠久の古代米のロマンなんていうたら、大げさですけど、ほかのお酒にはないストーリーを持っているのは間違いないと思います。伊根満開を呑みながら、日本の稲作文化、果実からではなくお米から醸すお酒のこと……いろいろ話すことができます」

伝統と挑戦を凝縮させた朱色の銘酒が、日本文化の奥深さを教えてくれるわけだ。

ちなみに、古代米による日本酒は伊根満開だけではない。竹田教授の実家・亀萬《かめまん》酒造の「緋穂《ひすい》」のほか、「出雲神庭《いずもかんば》」(酒持田本店/島根県)「リセノワール」(勇心酒造/香川県)「SHISUI(シスイ)古代米酒」(塩川酒造/新潟県)など意外にけっこうな数が存在する。これらを呑み比べるのも一興だろう。

その人柄が豊かな滋味を与える

善き人、善き酒を醸す——かならずしもこういってはいられないのが、現実というものだが、向井の人柄のよさ、彼女の酒づくりの腕前は確かだ。

彼女は大学卒業と同時に杜氏となったことで、人使いのむつかしさを知った。

「若い頃は、うまい酒さえ醸せたらそれでOKやと勘違いしていました。蔵人のおっちゃんらのやり方は古い、私が学んだ最新のつくりについてこいって感じでした」

私はしょせん、酒づくりも世間もな〜んも知らない蔵のお嬢ちゃんでした、と向井は深い悔恨をこめて話す。

「蔵人のおっちゃんたちから総スカン。それでも、意固地になってたから、可愛げのないことでした」

そんなとき、ひとりのベテランがぼそりといってくれた。

「クニちゃん、蔵は樹と同ンなじやで。杜氏ちゅう幹だけ太うても大きく育てへん。蔵人や営業の人とか、枝葉が繁らんことにはアカンのや」

さらには、秘かに対抗意識を燃やしていた父の酒に接したことも大きかった。

「蔵の倉庫を整理していたら、父の醸したずいぶん古いお酒が出てきたんです。興味本位で呑んでみたら、これがもう、むっちゃうまいんです！」

おっちゃんらにも、父にも完全に脱帽でした、と向井は頬を赤らめる。

「あの一連の事件のおかげで、ちょっとはマシな杜氏になれたんと違うかなあ」


向井はバツイチ、二〇一一年と一三年に産んだ男児のシングルマザーでもある。

「僕、幼稚園の運動会で二着やってん。おっちゃんは脚、速いん？」

次男坊は初手から、人懐っこく、こわもての私に問いかけてくれた。兄も同様、眼つきの悪い私にもまったく屈託がない。二人ともやんちゃ盛りには違いないが、ヒネ媚びることなく素直で明るい。お母ちゃん、子育てにも奮闘しているのだ。

豪放磊落な向井、母性に加えて人生の悲哀を乗りこえた経験が豊かな滋味を与えている。そんな彼女を慕う友人、知人が多いというのも、むべなるかな。

「この夏も農大の後輩がふらりとやってきました。はは～ん、悩み事があるんやと、何もきかずにそっとしておいたんです。あの子、海をみて、釣りしてうまいお酒を呑んで……そうこうしているうち、晴れやかな顔になって東京へ帰っていきました」

東京で有数のパン屋のトップ職人だった彼、仕事と人間関係で悩んでいたそうだ。

「せやけど、そんな打ち明け話を知ったんは、だいぶあとのことでしたけどね」

向井が運転する軽トラで伊根の街をいけば、あちこちから実に頻繁に声がかかる。その人気ぶり、この愛すべき人間性と卓越した酒づくりのたまものであろう。

父のひそみに倣《なら》って町長選に出たら——いや、余計なお世話でありました。

「酒屋万流」と「同等一栄」

伊根は山海の幸に恵まれ、四季を通じて美食の贅沢ができる。

一泊ン万円、フレンチに和食、高級シャンパンとワインつきのフルコースが出る舟屋の宿もいいけれど、今回は向井のおすすめで、山側にある民宿「しばた荘」に泊まった。ご主人は向井の旧友、古代史に精通する博学多識、博覧強記の御仁だ。

向井が軽トラから引き出したケースには、向井酒造ご自慢の逸品が並ぶ。

赤身に白身に貝に海藻と海の幸の種類は豊富、刺身に焼き魚、煮魚、お汁…料理法が多彩なうえボリュームたっぷりときたもんだ。どれもこれも、文句なしにうまい。

私と向井はウマと化して、すべての肴を食べ尽くした。

ここで、ぜひ紹介したいのが伊根満開以外の、向井が醸した酒だ。

「京の春」「ええにょぼ」「にごり酒」に「益荒猛男」と向井が醸す酒にはラインナップが多い。たとえば京の春は、そこに生酛、山廃、吟醸系とバリエーションが重なってくる。どれも胸もとをえぐる剛速球、向井は軟投派じゃなく本格ピッチャーだ。

私が、ことに気に入ったのは京の春だった。京都の酒といえば伏見を連想するし、女酒と呼ばれている。京の春もネーミングこそ手弱女《たおやめ》っぽいが、海の京都の酒は骨格のしっかりしたストロングタイプ、こいつを燗にして呑めば思わず頬がゆるむ。

次々と逸品が抜栓され、二人はクジラに変じてくいくいやった。

「一升……もうちょい、三、四升くらいはいけま〜す」向井は女丈夫だ。

彼女が、やおら手拍子を打ち歌ってくれたのは「伊根のなげ節」であった。

——伊根はよいとこ、後ろは山で、前で鰤とる鯨とる。千金万両の金もとる。

彼女が古老のもとへ日参し伝授された民謡、ここにも文化の枝葉が伸びている。

私はといえば、酔いにまかせ、酒屋万流についてひとくさり。

向井も酔眼をしばたたかせ、オッサンのくどくどしい話に耳をかたむけてくれる。赤い伊根満開は温度があがり、いい感じに風味がひらいた。向井はグラスをあおった。

「酒屋万流、それええですね。海の祇園祭といわれる伊根祭では『同等一栄《どうとうひとつえい》』と声高にふれまわります。これ、みんな等しく一緒に栄えようって意味なんです。酒屋万流で同等一栄やと日本酒も最高です」

陶酔境にあそび「ええコンコロモチや」とつぶやけば、吉野の花巴水酛、いすみのアフスに伊根の伊根満開と三人三様三酒が浮かぶ。いずれも個性たっぷり、キワモノで片づけてはならない、日本酒ならではの文化をバックボーンにもつ逸品たちだ。

——酒屋万流、同等一栄、あの酒呑むこの酒呑む。千両万両の金もとる。

向井が口ずさむ替え歌を、どれ、私も一緒に唸ろうか。

第十一章　文化をになう酒——大信州

（大信州酒造／長野県）

日本酒は日本の文化である

ようよう昇った太陽、その光が銀の輪をともなって大鳥居を照らす。

夜が去り朝を迎え、お天道さまが姿をあらわす。暗から明、陰より陽への転換、幾年も繰りかえされてきた自然の営みなのに、かくも快活で粛然たるものとは！

私たちは鳥居の前で深々と一礼し宇治橋をわたる。五十鈴川の御手洗い場で手水をつかうのだが、穢《けが》れと邪気のうずまくわが身、これしきで清められるのだろうかとたいへんに訝《いぶか》しい。とはいえ、せめて年に一度くらい清らかな気持ちにならねば。

あらためて、私利私欲にまみれた心を愧《は》じつつ参道をいく。二十名近い一行も想いは同じか、あるいは昨夜の深酒の、重くどんよりした雲をうっちゃるのに懸命なのか。

それでも、砂利を踏む音、靴底につたわる小石のすれる感触が、たるんだ心身をゆっくりとひきしめてくれた。

やがて正宮の御前にいたる。誰が声がけするわけでもなく、皆、居住まいをただす。

長野は松本に本社を置く「大信州酒造」の田中隆一社長の発案で、伊勢神宮へ参拝するようになって久しい。

酒蔵が甑《こしき》を倒し（酒づくりを終え）、酒造年度の期末と新年度のあれこれを済ました六月初旬、そろそろ梅雨入りするという頃、二日かけて外宮と内宮、二十社近い別宮や摂社を拝巡する。

日本で最初の私立博物館の神宮徴古館で、式年遷宮ゆらいの御神宝をはじめ国の重要文化財、美術工芸品を拝観するのも吉例だ。ときに講師を招き、日本文化のありようや古典、故事について学ぶ。

私は、思わず知らず口にしている。

「毎年、毎度のことなのに毎回かならず新しい発見がある。勉強になった」

これは、参加者全員が共鳴共感するところであろう。

今年も、伊勢で田中隆一はいっていた。

「日本酒が日本の文化であること、そういう酒を醸していることを誇れる蔵になりたい。自然に寄り添うことを忘れ、米と水、人への感謝を蔑ろにしたつくり、効率だけを求めて機械化にはしる蔵の酒は加工品であって文化とはいえない」

田中とは同い年、いや彼がひとつ下だったか。

私が初めて日本酒について書いた『うまい日本酒はどこにある？』でまず取材した蔵が、ほかならない大信州だった。販売実績が下げ止まらぬばかりか、時ならぬ焼酎ブームに思いっきり横面をはられ、青息吐息だった日本酒業界にあって、新進の経営者として火中で栗をひろっていた彼――。

以来、大信州の思想と品質、豊かな味わいが私の日本酒のスタンダードとなった。田中とは、文化としての日本酒の、拠りどころを同じくしてきたつもりでいる。

淡々と日々の仕事を行い、重ねていく

神宮の御正殿では御垣内《みかきうち》特別参拝、一般の方々と違って、垣根の内側へ神官に導かれ入り、白い玉石のうえで威儀を正して行う。

服装はスーツにネクタイの正装、さすがの私たちも厳かな気持ちになる。軽口どころか、しわぶきひとつ漏らすことはない。どの表情も心もち緊張している。

「なにごとのおはしますかは知らねども かたじけなさに涙こぼるる」

私にとって、というより芭蕉をはじめ数々の文人たちのヒーロー、漂泊の詩人たる西行は神宮でこう詠んだ。彼は僧形ゆえ、垣の外で手を合わせることすら許されず、五十鈴川を渡った岸にあった僧尼拝所から参拝した。

それでも希代の歌人の感性は、素直すぎるほど率直に神宮の雰囲気を伝えてくれる。

先達をつとめてくださる、松本市の四柱《よはしら》神社・宮坂信廣《のぶひろ》宮司には、手水をとる作法から二拝二拍手一拝、食事の前の一礼一拍手などを一から教えていただいた。

内宮と外宮をはじめ巡拝する神社や祭神の由来しかり、日本の伝統についての話もありがたい。温和で、ユーモアを交える宮司の語り口には、ついつい引きこまれる。

「お祭りというのは、もともと毎日の神さまへのご奉仕をいうんです。朝、神棚を拭き清め洗米と御塩、清らかな水をお供えします。これが、本来の意味の、おまつり。神輿を担いだり、踊って呑めや歌えが、まつるってことじゃない。日々、実に地味なことですが、倦まず欠かさず、感謝の真心をこめて行う。それが、おまつりです」

宮司の話をきくたび、田中は眼を細めてうなずいている。

「日本酒を醸すというのは、そういうことなんです。洗米から蒸し、麹づくりに酛づくり。淡々と日々の仕事を行い、重ねていくんです。手を抜いちゃ絶対にダメだし、誠心誠意で取り組まなきゃいい酒は醸せない。ほめてもらうわけでもなく、派手なスポットライトも浴びない。だけど、蔵人はプライドをもって仕事をこなします」

前日の外宮参拝では、豊受大神の御垣内特別参拝はもちろんのこと土宮と風宮、土そして風雨の神さまの前でも頭をたれる。いつも宮司はおっしゃる。

「土がなく、雨が降らず風が吹かねば稲をはじめ農作物は育ちません。だけど、いい土でなければいけないし、暴風雨、干ばつでも困る。やっぱりいい頃合い、極端ではなく中庸、絶妙のバランスが大事なんです。日本の文化はヘンにこだわったりしません。日本人はそういうことを、とっても大事にしてきました」

いずれの社も正宮に準ずる格式、日本人と農作物、自然との深いかかわりがわかる。

内宮の神楽殿の隣には御酒殿がある。

お神楽を奉納する前、私たちは、この一般人が眼にとめることも少ない宮の前に整列する。米から醸した酒は神に捧げるもの、日本人は稲作と密接な関係を築き、自然を敬うばかりか畏れてもきた。

田中は一歩前に進み、彼にならって全員が柏手を打つ。

ちなみに、神宮では白酒《しろき》・黒酒《くろき》・醴酒《ひとよざけ》・清酒《すみさけ》の四種を供える。すべて神田《しんでん》でとれた米を用い、神宮内の忌火屋殿《いんびやでん》で醸される。

「御酒殿でなにをお祈りしているの？　今年こそＩＷＣでチャンピオンサケのタイトルがとれますように、それとも新しい蔵のことですか」

大信州は国際的な醸造酒のコンペ、ＩＷＣ（インターナショナル・ワイン・チャレンジ）で入賞の常連だが、いかなる不遇かまだ総合王者の座についていない。

そして、大信州は本社と醸造部門がクルマで一時間ほど離れているのだが（仕込み水は本社の地下水をタンクローリーで運んでいる）、いよいよ本社の隣に蔵を建てることが本決まりになった。しかし、田中は穏やかな笑顔を浮かべるのだ。

「いやあ、日々の事々に感謝、感謝ですよ。ありがとうございます、それだけです」

薫りと五味が圧縮され球体となる

神宮参拝の初日、その夜は大宴席となり、大信州が渾身の力をこめた銘品「手いっぱい」「香月」などなどの純米大吟醸や純米吟醸酒をいただく。

鑑評会の出品作が出たりするのは、こういう身内の集まりの特権だ。また森本貴之、小松剛ら酒づくりを担う蔵人がつくりのポイントの説明までしてくれる。

この宴席でとっても大事なのは、次々と惜しげもなく高級な酒を抜栓することであって、そこを見誤らぬ田中は、まことにできた人物というべきであろう。

もちろん、私は田中の真意を汲み、臆することや遠慮もなく、存分に高価な酒をぐいぐいやる。徹底して呑みつくす。うまい。いくら盃を重ねても、飽きずうまい。

大信州という酒は薫り、甘辛に苦渋の味の奥行きと幅とも深く広い。

私のフェイバリットたる酒の中で――それはこの本で紹介した銘酒、逸品たちなのだが――長野の酒らしく、ちと薫りがたつほうながら、日本酒に求められる要素がすべて高水準でうまくバランスがとれているので、結果として気にならない。

大信州の大吟醸クラスは、口に含むと、薫りと五味が圧縮され球体となってするするとまわる。この球体がすさまじい弾力を秘めていることは一口瞭然、ところが、数秒後には、すーっと伸びやかに溶け、見事に舌の上で広がっていく。

しかも大信州はキレがいい。濃厚な余韻が残らず、うまさの記憶がふんわり漂う。

酸がまた秀逸で、芳醇な味を裏支えしており、合わせる料理は和洋を問わない。

いつだったか、聖蹟桜ケ丘に銘酒を揃える名店・小山酒店の若主人・小山喜明と、近江牛のヒレ、サーロインのステーキを肴に「手いっぱい」をやったことがある。

牛肉のこってりしたうま味と脂に、この酸がうまく寄り添い、食うわ呑むわ酔っぱらうわの、まったくもって愉快な酒席となった。これもまた、大信州の醍醐味だ。

さて、伊勢の夜の料理は脚付き膳に刺身や天ぷら、茶碗蒸しなどが並び、ひとり鍋の固形燃料を仲居さんがチャッカマンで火をつけてまわる宴会の定番和風モノ。

だが、当夜の宿ともなる神宮会館の料理は材料を厳選してあり、細工は手がこみ、器も含め美しく、味のレベルが高い。神宮参拝の際には、宴席といわずとも、お昼時に手こね寿司か幕の内をお食べになればいい。満足のいくランチタイムとなるはずだ。

宴もたけなわ、差しつ差されつの光景があちこちで繰りひろげられる。

献杯と返杯、お世辞まじりの挨拶が苦手、独酌したい私は群れから少し離れる。

この会、当初は田中ゆかりのごく近しい人たち、それに蔵の田中勝巳（隆一の弟で醸造責任者）、大番頭で唎き酒の大家でもある関澤結城らスタッフだけだった。

しかし十年以上もたつうちに、ずいぶん参加者がふくらんできた。近年は「あの人だれ?」ということが間々あり、人見知りするうえメンドーくさがりの私なんぞは、ひとことも交わさぬまま日程を終えたりする。

る。

いい酒を醸せない蔵はトレンドに頼るしかない

とはいえ類は友を呼ぶ。うまい酒を侍らせ、気の置けない仲間たちと語り合う。酒の流通から蔵の内情まで精通した業界のご意見番、札幌の名うての酒屋さん、長野の企業トップで憂国の士、宮司それに私などなど、互いに遠方ゆえこのときくらいしか逢えぬメンバーが車座になる。

酒と文化への想いを一にする有志との再会はなによりうれしい。話題は互いの来し方から政治や経済まで、とはいえ要はオッサンどもの井戸端会議、それでも日本酒のことになれば全員が熱弁をふるう。

「大手メーカーもいずれは吟醸路線にシフトチェンジするのかな」

「大手の純米大吟醸って、なんとも優等生すぎて、かえって個性に乏しい」

大手各社とも純米大吟醸クラスを出してはいる。たとえば菊正宗の「百黙」、同社としては、なんと百三十年ぶりの新ブランド、米からボトルデザインまですべてがプレミアの酒という位置づけ、価格は化粧箱入りで一升瓶が五千円だ。

ところが大メーカーの酒の主戦場はスーパー、そこにハイエンド商品が置かれるべき冷蔵庫は完備されていない。かといって、地酒の銘酒が並ぶ酒屋は大メーカーの酒をめったに扱わない。もし、棚に並んだとしても客のチョイスは明白だ。円座の中から、ひとりがいった。

「似たようなスペックと値段なら、たいていの客は地酒の有名ブランドを選ぶ」

大メーカーの酒＝パック酒の認識は、ほかならない灘や伏見の会社が、自分で種をまき、全国に繁茂させてきたのだ。

「オレに妙案がある——社長が自慢の純米大吟醸をもって、地酒を扱う店をまわればいいんだ。一県で、ここぞという三、四店でいいよ。その気になったらワンシーズンで全国を一巡できる。これはノーアポ、突撃営業がベストだね」

皆は、大メーカーの社長がいきなり訪れるシーンを想像する。

「確かに、こりゃ衝撃的だ。むげに断れないし、ワンケースくらい買うかも」

大メーカーにはそのくらいの思い切った行動、ときに奇襲作戦が必要だろう。

「灘、伏見の酒で、私たち酒屋が自信を持ってすすめられるのは『剣菱』くらいかな」

一座はうなずいたり、感心したり、笑ったり、ひとしきり大メーカーが俎上にのる。


「大メーカーといえば、月桂冠の『糖質ゼロ』のコマーシャルをみた？」

「あれかぁ、あれはひどい。業界全体を敵にまわすつもりかね」

件のＣＦは、若い女が糖質ゼロを呑み「これ日本酒？」と質問、納得した顔でいう。

「これならわたし好きになりそう！」

まさにツッコミどころ満載、日本酒関係者なら、二、三歩はつんのめること必定だ。

「ずっと、日本酒なんか、お口に合わなかったらしい」

「この娘っ子はかわいそうだね、うまい酒がいっぱいあるというのに」

「従来の日本酒、伝統的なつくりへの全否定宣言かと勘繰ってしまう」

酔いが口を滑らかにしてしまうのは否めない。だが、この場にいるのは日本酒への愛（偏愛かも）では人後に落ちぬ者ばかりだ。冗談めかしても本心（毒かも）が、きっちりあらわれる。

「こういう、若い女をダシに使ったコマーシャルやマーケティングはうんざりだよ」


酒蔵をめぐって、私がもっともヘキエキするのは次のフレーズだ。

「若い人、とくに女性をターゲットにしました」

こういうことを平気でいう蔵元や杜氏を、私は基本的に信用していない。

そういう蔵は、たいてい香って甘くて酸っぱいフルーティーな酒を醸している。

冷やせばうまくは感じるけれど、温度があがるとハナにつく酒、一杯目はそこそこながら、盃がすすむほどにバランスが悪いため呑み飽きてしまう酒……。

「本当に若い女が日本酒業界を牽引してくれるなら、それでいいけれど」

「子育て世代のママの酒とか、美熟女の酒、すてきなシニア女性の酒ってないもんね」

確かに酒の入口は広くとったほうがいい。まして私は「酒屋万流」を掲げている。いろんな酒が、それぞれ個性を発揮してほしい。「若い女性向けの酒」なり、発泡系の日本酒であっても取っかかりになってくれて、うまい酒への奥深い道が拓けていくことを切に願う。だが日本酒の旅は、ガイドの仕方にそもそもの齟齬《そご》が生じている。

「結局、いい酒を醸せない蔵はトレンドに頼るしかない。哀しい現実だね」

「ミドルやシニアは逆襲をしなきゃ。この世代、カネはあるし経験も豊か。ホンモノを知ってるんだから、無視できないはずなのに」

日本酒ブームと浮かれる蔵もあるが、実情はこの程度。しょせんは浅瀬でバチャバチャやっているだけのことだ。

「だけど、本当なら娘っ子たちは本気で怒るべきだ。あんな底の浅い酒を呑まされ、それが自分たちにぴったりの酒だっていわれてんだから」

おっしゃるとおり。酒づくりの本質、食文化の伝統を打ち出すのに年齢や性別は関係ない。本質を踏まえた酒は、誰でも等しくうまい。いつ、どこで呑んでもうまい。

日本酒業界は真正面を見据えなければいけない。

同時に、日本人が培ってきた精神、矜持を忘れないでほしい。

「シャンパンにコーラ、これがアメリカなんだよ」

怪気炎をあげる私たちのもとへ、宴席をまわった田中隆一がやってきた。

「座敷の片隅で勝手放題、声高に話していると思ったら、やっぱりマスダさんたちか」

太り肉した田中はどっかと腰を下ろす。

大信州をコップにどぼどぼ注ぎ、改めて乾杯だ（なんという贅沢！）。

「でも、日本酒の本質とかプライドといわれたら、僕も黙ってられないな」

田中は組んだ足の膝に手をやり、語りはじめた。

一九九〇年代後半、田中が営業に奔走していた頃のこと。

「海外進出という甘美な話が持ちあがりましてね。ターゲットはアメリカでした。当時は大手が四、五社くらい進出していて、地酒蔵だと『桃川』がオレゴンで稼働をはじめた頃だったかなあ……とはいえマーケットはホントに小さかったんです」

いま、日本酒はクールジャパンの先兵として大きな期待がかかっている。

輸出額は、ほかの主要産業に比べ、まだまだ豆粒程度だけど右上がりなのは間違いない。EUとの貿易交渉では、日本酒の関税撤廃が現実化しそうな雲行き、これは確実に追い風となる。花のかぐわしく匂うところに蜂が集まるごとく（あるいは屍臭にハイエナが群れ来るように）、「日本酒輸出」の周辺には、早くも「なんだかなぁ」という御仁がうろついている。ただ、田中のエピソードはその前史というべきものだ。

「海外進出って、早い話がカッコいいんですよ。ましてて、その先陣を大信州が切るわけですからね。アメリカで大ブレークした大信州、それを日本に逆輸入する。この戦術が成功したら、大信州は銘醸蔵というポジションから二段、三段アップして〝プレミアム・サケ〟のステータスをゲットできる、こんなカッコいいことはないです」

田中はしきりに「当時はまったくモノが見えてなかった。この作戦に酔って、浮かれていただけでした」と反省する。いや、本当に彼は私たちの前で深く恥じ入った。

「ただ、うまい酒をもってアメリカに乗りこんでやろうという気概だけは認めてください。ヘンな酒、まやかしの日本酒じゃなく、まっとうに醸した酒を海外に広めたかった。日本の食文化の華、これが米からつくった日本の酒だと胸を張りたかった」

田中の語調に確かな勢いが宿る。彼の顔をみつめつつ、はじめて田中と逢ったときのことを思い出した。彼は私に、ニコリともせずいい放った。

「うちの酒づくりは、特別なことなんて何もしてないんです。ただ、良い酒、うまい酒をつくるために必要なこと、まっとうなことをやっているだけです」

大信州は、いわば私の日本酒の旅のスタート地点だった。

以降、いくつもの蔵を見学し、蔵元や杜氏と語り合った。たくさんの酒が喉を通っていった。うまい酒、そうでもない酒、敬愛に値する蔵、二度と門をくぐることのない蔵……取材の回数が増えるにつれ、大信州の取り組み、いみじくも蔵元をして「特別なことは何もしていない」といった重みを知ることになる。

業界においては大杜氏と尊敬され、一方で蔵人から「じっさ」と親しまれた下原多津栄の酒づくりは、まさに実直と誠実の極みだった。米選びから瓶詰めまで「まっとう」の神髄を突きつめ、蔵は清潔で、蔵人のやることには一切の手抜きがない。

しかも、愛情に満ちている。杜氏はタンクの酒にやさしく話しかけていた。

それを「特別なこと」ではないといえる自信と誇り、そこに大信州の存在価値と凄味がある。もし、大信州の酒づくりを日本中の蔵が踏襲したら、この国はうまい酒で満ちあふれるだろう。だが、それは残念ながら、決して起こり得ることではない。

できないのか、それともやろうとしないのか。これは私にはわからない。

ただ、田中の発言は意味深いアイロニーとして、私の心に焼きついている。

「大信州をふくめ三つの蔵でアメリカへ向かいました。ロスを根城にあれこれ動きまわりました。アメリカで、日本酒はまったくといっていいほど浸透していなくて、未開のフロンティアでした。幸い、アメリカで有数のディストリビューターを紹介してもらい、いよいよ海外進出作戦が実行されることになったんです」

同行した蔵の名はあえて書くまい。ひとつは北陸にあり、本業よりサイドメニューにご執心という印象が強い。もうひとつは関東、スタイリッシュ路線が目立つ。ええカッコもほどほどに、というのが、ええカッコしいを自認する私からのメッセージだ。

「ターゲットはセレブ御用達の高級スーパーや星のつくレストラン。和食レストランじゃないところがミソなんです。だって、そんなの当たり前すぎるでしょ。狭き門ではあるけれど、一流のフレンチやイタリアンに認めてもらうんです」

そういえば一時、フレンチに合う日本酒なんて企てがまかり通ったものだ。

私は日本酒の守備範囲の広さを認めるし、フレンチにも合う酒はあると思う。

でも、フレンチの席では、うまいワインかシャンパンを注文する。

「すべてが、見た目の体裁だけを追いかけ、日本酒の本質を忘れた作戦でした。いまの僕なら、まず日本酒の文化からコトを始めます。どんな米、どんな水を原料にして、麴や酵母といった微生物とどう向き合っているのか。うまい酒をつくるための、職人の仕事ぶり、日本の風土についても話したい──そして、なぜ日本人はこの酒を愛するのか。そこまで語り尽くしたいですね」

田中の口調が熱をおびるのは、片方にアメリカでの忸怩たる想い、もう一方に積みかさねた実績があるからにほかならない。

順調にいくかと思えたアメリカ上陸作戦だったが、「日本酒の文化」をめぐって決定的な亀裂が生じてしまう。

ある日、アメリカのディストリビューターの幹部が真顔で田中に迫った。

「フランス人みたいになるな。そんなことをしたら、アメリカじゃ売れない。いっておくが、アメリカでは売れているものが偉い。客が『いい』といったやり方がすべてなんだ」

田中がどういう意味なのかと質問したら、幹部は口の端を少し歪めた。

「日本の文化とかプライドなんて、アメリカじゃいらないんだよ」

幹部はシャンパンのコルクを抜きグラスに半分ほど満たした。そうして、今度はコカ・コーラをそこに注ぎ足したのだった。

「ディス、イズ、ジ、アメリカンスタイル。アメリカの客はこうやってシャンパンを愉しむ。シャンパンが売れるんなら、オレたちはどんな方法だっていい。いいか、シャンパンにコーラ、これがアメリカじゃ正解なんだよ」

驚くと同時に深いため息をつく田中、そんな彼に幹部はかぶせてきた。

「なのに、フランス人は怒りまくってウチと取引をしないといってきた。そんな呑み方は邪道で、シャンパンの伝統と文化をバカにしているってさ。オレにいわせれば、バカなのはあいつらのほうだ！」

調子にのった幹部は、こうもいってのけた。

「お前は日本酒の思想をよく語る。けど、そんなもんはこの国で関係ない。客がうまいといってくれれば、どんな製造法であってもかまわない」

田中は唖然としながらも、その場で、アメリカ進出を断念した——。

長野の風土が生む「天恵の美酒」

文化と文明の相違については、司馬遼太郎の説くところがもっとも的を射ていると思う。司馬の『アメリカ素描』（新潮社）から引用する。

「文明は『たれもが参加できる普遍的なもの・合理的なもの・機能的なもの』をさすのに対し、文化はむしろ不合理なものであり、特定の集団（たとえば民族）においてのみ通用する特殊なもので、他に及ぼしがたい。つまりは普遍的でない」

司馬は「文化」について、こうも書いている。日本酒にも通じるところだ。

「日本でいうと、婦人がふすまをあけるとき、両ひざをつき、両手であけるようなものである。立ってあけてもいいという合理主義はここでは成立しえない。不合理さこそ文化の発光物質なのである。

同時に文化であるがために美しく感じられ、その美しさが来客に秩序についての安堵感をもたらす」

さらに、司馬がアメリカの文明性に言及したところを並べると、いっそう文明と文化の色分けが鮮明になろう。

「普遍性があって便利で快適なものを生み出すのが文明であるとすれば、いまの地球上にはアメリカ以外にそういうモノやコト、もしくは思想を生みつづける地域はないのではないか」

シャンパンにコーラを是認するか否かは、もちろん自由裁量だ（私にいわせれば、こんなもんに普遍性なんかあったもんじゃないのだけれど）。その大前提を確認しつつ――幹部と田中の想いの差は、とても埋まるものではなかった。田中はいう。

「アメリカ人は文明と自国の文化だけを重用し、他国の文化を最初から無視している。しかも文明が大好きで、それを進化や進歩に置き換え絶賛します。大自然を征服できると勘違いしているのも彼らだし……グローバリズムを振りかざし、世界の警察を自認するのも、このバックグラウンドから生まれてきたんでしょうね。だけど僕は日本人だし、文明を理解しつつも、日本の文化を自分から拒否する気にはなれませんでした」

私もまた、田中の決意に拍手を送る。

「大信州が撤退したあと、いくつもの蔵がアメリカ進出を試み、成果のあがっているところもあるそうです。思うに、あっちで成功するのは『文化のかぶり物をした文明の酒』でしょうね。大信州は、うまさで彼らを圧倒する自信はある。でも、根本には日本の文化が詰まっています。だからこそ、ここから理解して呑んでいただきたい」

田中のいう文化とは、本書で折につけ、形を変え何度も書いてきたところでもある。

「日本酒は日本国内でこそ、やらなきゃいけないことがたくさんあります。輸出に関しては、チャンスがあればまた挑みたいけれど、前回の反省はかならず活かします」

大信州が出品している、IWCの日本酒部門のチェアマン、サム・ハロップはこんなことをいったそうだ。

「世界中でベストセラーを続けるワインに、オーストラリアの『イエローテイル』がある。これは、ブルゴーニュのように伝統と地域性、ピノ・ノワールというブドウに裏打ちされているわけではない。イタリア・ボルゲリの『サッシカイア』『オルネライア』、あるいはアメリカのナパ・バレーの『オーパスワン』のように、本家フランスに伍す銘醸地としてプレミア性が高いワインでもない。イエローテイルは甘くて酸っぱくて、万人がシンプルに美味しいと感じる、手頃なワインであって、地域性や製法への思い入れはもちろん文化、思想性とはまったく関係がない」

ハロップは日本酒の蔵の生き方として、諸君はイエローテイルを選ぶのか、それともブルゴーニュなのか、あるいはオルネライアやオーパスワンか、と尋ねた。

田中は、まずイエローテイル的な酒づくりを否定した。

「地域の気候風土に準じながら、伝統にのっとりつつ、必要なら改革を恐れない酒づくりを目指したい——ということは、オーパスワンのようなチャレンジ精神をもちながら、歴史と文化に立脚したブルゴーニュのドメーヌ、そんな感じですね」

大信州では、北アルプス連峰の雪どけ水、松本と安曇野を中心にした契約農家が丹精こめた米「ひとごこち」「金紋錦」を用いる。

松本本社の井戸水は、凛とした口あたりながら、喉ごしまろやかだ。

農家のひとりは、農業生産法人「太陽と大地」を主宰する栁澤謙太郎、彼は伊勢参りのメンバーでもあり「和食文化と、それを育む豊かな自然」をテーマに掲げている。大信州が「天恵の美酒」を自称するのは、長野の風土があればこそ――。玄米は自社精米され、すべての工程が下原大杜氏直伝の、手抜きのない酒づくりで貫かれている。搾った酒はタンクごとに瓶詰めされ、複数のタンクの酒が混じることはない。

田中はそれを「いわば日本酒のシングル・カスク」とおどけていた。

「大信州は限定流通、気心が知れ、蔵の本質を理解してもらっている酒屋でしか販売していません。実績は、おかげさまで好調です。でも、だからといって増産はしません。しようと思っても、このつくりではいまが限界、まさに〝手いっぱい〟なんです」

ハロップは、日本酒におけるイエローテイル、いわば〝文明の日本酒〟がパック酒だと評したらしい。これには田中は苦笑し、私も失笑した。

昨今の日本酒業界では、特定の米や数値を押し出したり、科学的分析とデータによるマニュアル化を図ろうという動きも活発化している。そういういった蔵は〝文明化の酒〟を目指しているのだろうか。私がいくつかのブランドを口に出しかけると、田中は笑い眼になりつつ「そのへんにしておきましょう」と一拍おいてから、ことばを継いだ。

「実のところ大メーカーがパック酒をやっているぶんには、ぜんぜん怖くないんです。おそらく、イエローテイル的な日本酒をつくるとしたら、カシスソーダとかサワーをがんがん呑んでいる層にアピールできる風味の、とっても安価な酒でしょうね」

ふむ。でも、甘くて酸っぱくてフルーティーな酒は、石を投げたら当たるほどたくさんある。じゃあ、こういうのに炭酸充塡でシュワ感を出せば鬼に金棒じゃないか。

ん？　そんな酒、大メーカーが出してなかったっけ。あれはナンて名だったたか……。

「イエローテイル的な〝文明の日本酒〟が出てきても、僕はかまわない。本気で、本式につくっている〝文化の日本酒〟の牙城は絶対に揺るぎません。だけど『新政』みたいに市場からテイストを高く支持されているうえ、農業や醸造といった本質に深い見識をもっている蔵がこの分野に乗り出してきたら、これはすごい脅威です」

ちらり、新政を率いる佐藤祐輔の横顔を思い浮かべる。

夢想の中で彼は、「僕が文化性を否定するわけないです」と断言してくれた……。

多様で豊かな世界に独自の情緒を育む

伊勢神宮参拝の二日間は、厳粛に日本の伝統や文化とふれあう一面と、酔いにまみれ熱弁を交わすという俗な面がないまぜになって過ぎていく。

しかし、その交差するところには、まぎれもなく日本酒の在り方が示される。

「技術論やノウハウ、ビジネスにたけた蔵は増えているように思います。中には、文化なんていっていたら、ますます日本酒は世界から孤立すると考えている蔵もあるようです。だけど、若気の至りで世界を目指した僕からいわせてもらうと、文化を否定してまで、海の向こうへいくことに価値があるのかと反問したいですね」

日本酒の一方の軸足が大信州にあるのだから、文化を切れ味の鋭い銘刀に仕立て、海外へ雄飛する蔵が出てきたらおもしろい。ゼン、カブキ、ノウ、ブシドー、ウキヨエ……いずれもエキゾチシズムの域を脱していないものの、西洋文明に一矢は報いた。

サケの実力はいかほどか、私も興味しんしんだ。

来年の再会を約したあと、いみじくも田中はいった。

「機械は文句もいわず壊れるまで仕事をします。うまく使えばアベレージが高い酒を量産できる。AIは、機械の働きぶりに輪をかけ『考えて』仕事をするので、こいつが日本酒業界に入ってきたら、多くの人の技は凌駕されてしまうかもしれません。そうなったら、鑑評会金賞酒は軒並みAIづくりが独占するでしょう」

だが、AIは「0」と「1」の結論しか出さない。日本酒の味わいは、白か黒かではなくタマムシ色で忖度もある世界、グラデーションの幅がすごくひろい。

日本人はその多様で豊かな世界に生き、独自の情緒をいつくしみ育んできた。

「最先端技術を駆使して最高の食品加工品をつくるか、伝統や気候風土、文化を背景に職人が想いをこめて醸すのか――どちらの立場をとるかは蔵の選択と責任です」

ならば、どの道を進むのか。田中を正面から見据えると、彼は明言してくれた。

「大信州の選択は後者。工芸品の領域を目指して、さらに探求していきます」

やがて、次代にすべてを委ねるときがくる。

私たちの世代はいっそう背筋を伸ばし、本質を語り伝えていかねばならない。

田中も私も、そういう年齢になった。

極めつきのうまい酒を醸す蔵元と、それをずっと呑んできて、いろんな蔵を訪ね歩いた作家のいうこと、ちいと耳をかすくらいの値打ちはあるというもんだ。

あとがき

本書の主役は、蔵元や杜氏にウイスキー蒸溜所とビール醸造所のトップだ。

前作『うまい日本酒はどこにある？』では、蔵元や杜氏だけでなく酒販店から居酒屋まで、日本酒の流れの川上から川下までを歩いたが、今回は、いわば源泉だけを訪れた。そこで私が問うたのは、「酒づくりの本質」「酒づくりを支える文化」という大きく重いテーマだった。

日本酒ブーム、輸出好調、インバウンドといった、昨今の日本酒をめぐるキーワードを耳にするたび、私は不可解なわだかまりを覚えてならない。日本酒にかかわる面々の中には、どうにも馴染めない人物もいる。

この違和感はどこからくるのか――それは好悪というモノサシだけで、決してはかりきれるものではない。いわば人としてのバックグラウンド、人生観を支える大切な根源の問題であろう。

そんな、こんなが積み重なり、もう書くことはないと思っていた日本酒について再びペンを執ることになった。

この本にご登場いただいた、うまい酒をつくる人たちは、いずれも彼らならではの言葉で、誠実に語ってくれた。どなたもが、やさしく謙虚であった。表現は異なるけれど、彼らの想いは同じ大海に流れこむ。日本人のモノづくりの、最も良質なエレメンツが底光りしている。

その事実が、私にとってはことのほか心強かった。

もちろん、彼らが世に問うのは文句なしにうまい酒！　おかげで、本書には銘醸蔵と銘酒を紹介する一面が加わった。蔵のある土地の風景や、うまい肴にも少しふれている。

文化と本質を踏まえた酒を、多くの方々にご堪能いただきたい。


それにしても、執筆にはナンギした。

前作は筆の滑りを抑えるのに苦労したくらいなのに、今回はウンウン唸りっぱなしというテイタラク――一行とて進まぬ日が、いく日かあったほどだ。

やはり「文化」「本質」という、とてつもなく大きなテーマにぶち当たったからだろう（オッサンから初老へ向かっているせいで、体力と気力の減退も否定できない……）。

真夏の日々、私はどこへもいかず、ひたすら机にかじりついた。

そんなとき、伴走してくれるのが音楽だ。小説を書くときは、よくオールマン・ブラザーズバンドのライブ盤やジャズを聴く。長尺だけど弛まずスリリングな曲がいい。ルポでありエッセイでもある今回は、一冊を仕上げる前半でミシシッピ・ジョンハートやエタ・ベイカーといった、鄙びているくせ饒舌なブルーズを流した。身も心も萎えきったときは琉球民謡でカツをいれる。

おかげで少しは筆も乗ってくれたようで、残り半分はテキサスのクラレンス・ゲイトマウス・ブラウン、デトロイトやシカゴあたりのジョン・リー・フッカー、ジュニア・ウエルズなんぞがターンテーブルでまわっていた。

音楽にまかせて仕事をするなんて、作家は気楽な稼業だと思われるかもしれぬ。

本文中でも、日本酒と音楽の共通性については記した。

嗜好というのは感性と官能、経験に知識をベースに年齢、環境ときて時代のトレンドなるスパイスをふり、最後は偏見によってできあがる。

人それぞれに好みがわかれるのは当然のこと。けれど、それでも、いいものはいい。本質を踏まえた逸品は、食わず嫌いなどふっ飛ばしてしまう。酒も音楽も、そんな魔力をもっている。

ジャスティン・ポッツさんがいっていたように、いずれ世界各地で日本酒が醸されるだろう。アメリカの黒人が奏で歌ったブルーズを、日本で熱心に聴いているオッサンがいることを思えば、なんの不思議もないことだ。

もっとも、書きあげた一章を手渡すたび、私は「さっぱりワヤですわ。あかん」なんて、グチとも恨み節ともつかぬ弱音をはくので、編集者には気を揉ませてしまった。申し訳ない。

それでも、デビュー作『果てなき渇望』から担当してくださっている、草思社の藤田博さんはコホンと空咳をうつと、ことのほか冷静な調子で励ましてくれた。

「文化や本質という根源的なことがテーマである以上、私も覚悟はできています」

「はぁ……しかし、この本は売れますかね」

「それこそ、お酒の神さまのご加護を願うしかないでしょう」

藤田さんの言に安心しつつも、「ベストセラーにならなきゃ暮らし向きが楽にならん」なんて、せせこましい心配をはじめる私……。しかし、だからといって、世にいう「日本酒の本」みたいな一冊にする気は著者、編集者ともゼロなのは間違いのないところだった。

ひと夏をこえ、ひやおろしが出回る秋に上梓となった以上は、より多くの読者のご支持を期待するばかりだ。


五十路をゆくにつれハードロードぶりに磨きがかかり、わが人生ながら「どないなっとるんや？」のつぶやきが漏れる。

人生街道の終盤なのか、半分を過ぎたあたりかは、天だけがご存知だとしても、暗黒の中高生時代、暗澹たる二十代後半から三十代前半のサラリーマン時代にまして、五十代は暗然としたモノがついてまわるようだ。

そんな鬱屈を払うため、陽が暮れるとうまい日本酒をいただく。

酒はそっと肩を抱いてくれる。冷酒もいいけれど、冷や酒か燗酒がうれしい。酒に、現実という壁を取り払うほどの力はない。明日になれば、また難事と向き合わねばならない。

でも、いっときだけであっても、穏やかな酔いが、しがらみを打っちゃってくれる。

酒の妙味はそこにある、と今の私はつくづく思う。


蔵元、杜氏のほか、文中に名を記した皆さまにはつつしんで深謝を申し上げます。

加えて、ご協力いただいた方々へも感謝を捧げたい。今回も、橋本隆志さんにはお世話になった。橋本さんは、私にとって頼もしい日本酒の先覚であり、日本の文化について想いを一にする同志でもある。うまい酒を揃える「酒乃吉原」の吉原隆史さん、業界紙『醸界タイムス』の上籠竜一さんのアドバイスも大いに参考となった。

また、集英社「グランドジャンプ」誌の藤江健司さんと小花進さんには、本書に登場する蔵の多くを訪ねる端緒をひらいていただいた。コミック『いっぽん‼ しあわせの日本酒』において、私がいかなる意図のもと蔵と酒を選び原作を書いたか、ここで真意も述べることができた。

最後に、こっ恥ずかしいのだけれど――私の尻をいつも叩いてくれる妻、惜しみなく芸術を与えてくれた母、贔屓引きたおしの勢いで愛してくれた祖母にこの本を献じたい。

日本酒はどこへいく?

実のところ、私の心のうちでは楽観と悲観が交互しているのだけれど、弱気が勝りそうなときこそ「酒屋万流」の旗を掲げたい。つまるところ、日本酒はどれも愛おしい。

いろんな蔵や酒の魅力が百花繚乱してこそ、と強く念じている。

では、今宵もうまい酒をちくとやりましょう。

二〇一七(平成二十九)年、秋の吉日

増田晶文(ますだ・まさふみ)

◉本書登場の酒蔵所在地一覧（掲載順）

新政酒造株式会社
秋田県秋田市大町六－二－三五　電話：〇一八－八二三－六四〇七

池月酒造株式会社
島根県邑智郡邑南町阿須那一－三　電話：〇八五五－八八－〇〇〇八

合資会社川西屋酒造店
神奈川県足柄上郡山北町山北二五〇　電話：〇四六五－七五－〇〇〇九

関谷醸造株式会社
愛知県北設楽郡設楽町田口字町浦二二　電話：〇五三六－六二－〇五〇五

日の丸醸造株式会社
秋田県横手市増田町増田字七日町一一四－二　電話：〇一八二－四五－二〇〇五

株式会社北雪酒造
新潟県佐渡市徳和二三七七－二　電話：〇二五九－八七－三一〇五

末廣酒造株式会社
福島県会津若松市日新町一二－三八　電話：〇二四二－五四－七七八八

株式会社ベンチャーウイスキー
埼玉県秩父市みどりが丘四九（秩父蒸溜所）　電話：〇四九四－六二－四六〇一

Far Yeast Brewing（ファーイーストブルーイング）株式会社
山梨県北都留郡小菅村四三四一－一（源流醸造所）　電話：〇七〇－一二七四－三二五一

美吉野醸造株式会社
奈良県吉野郡吉野町六田一二三八－一　電話：〇七四六－三二－三六三九

木戸泉酒造株式会社
千葉県いすみ市大原七六三五－一　電話：〇四七〇－六二－〇〇一三

向井酒造株式会社
京都府与謝郡伊根町平田六七　電話：〇七七二－三二－〇〇〇三

大信州酒造株式会社
長野県松本市島立二二三八〇　電話：〇二六三－四七－〇八九五

著者略歴――――

増田晶文 ますだ・まさふみ

作家。1960年大阪生まれ、同志社大学法学部卒業。日本酒にかかわる前著『うまい日本酒はどこにある？』（草思社）では、蔵元や杜氏から酒販店・居酒屋まで、日本酒の流れの川上から川下までを丹念に訪ね歩いた。今回は、いわば源泉である蔵を訪れて「人」に会い、その想いと言葉に向き合いながら、彼らのつくったうまい酒をじっくりと味わう一冊となった。日本酒関連としては、コミック『いっぽん!!　しあわせの日本酒』（集英社）の原作を担当。主な作品として『果てなき渇望』『吉本興業の正体』（ともに草思社文庫）のほか、近年は小説に力を注ぎ、『ジョーの夢』（講談社）、『エデュケーション』（新潮社）、『稀代の本屋 蔦屋重三郎』（草思社）などを発表している。

うまい日本酒をつくる人たち

酒屋万流

2017年10月31日　第1刷発行

著　者　増田晶文
装幀者　間村俊一
発行者　藤田　博
発行所　株式会社 草思社
〒160-0022　東京都新宿区新宿1-10-1
電話　営業 03(4580)7676　編集 03(4580)7680

本文組版　株式会社 キャップス
本文印刷　株式会社 三陽社
付物印刷　株式会社 暁印刷
製本所　加藤製本 株式会社

ISBN978-4-7942-2296-1 Printed in Japan　検印省略